# LS Stochastik

LAMBACHER SCHWEIZER

**Lösungsheft**

Mathematisches Unterrichtswerk
für das Gymnasium

erarbeitet von
Manfred Baum
Dieter Brandt
Detlef Lind
Wolfgang Riemer
Peter Zimmermann



Ernst Klett Verlag
Stuttgart Düsseldorf Leipzig

1. Auflage 1 5 4 | 2007 2006

Alle Drucke dieser Auflage können im Unterricht nebeneinander benutzt werden, sie sind untereinander unverändert. Die letzte Zahl bezeichnet das Jahr dieses Druckes.

Internetadresse: http://www.klett-verlag.de

Zeichnungen: Rudi Warttmann, Nürtingen.
Umschlaggestaltung: Alfred Marzell, Schwäbisch Gmünd.
DTP-Satz: topset Computersatz, Nürtingen.
Druck: Medien Druck Unterland, Flein.

ISBN 3-12-732433-2

## V *Markoff-Ketten*



## VI *Gauss und seine Normalverteilung*



## *Projektvorschläge*

# I Von der Pfadregel zur Binomialverteilung

## 1 Beschreibung von Zufallsexperimenten

S. 8 **1** a) Wettmöglichkeiten sind zum Beispiel:
Man tippt auf den Sieger.
Man tippt die ersten drei Pferde mit Reihenfolge des Einlaufs.
Man tippt die ersten drei Pferde ohne Reihenfolge des Einlaufs.
Man tippt auf den Einlauf aller fünf Pferde.
Man tippt darauf, dass ein bestimmtes Pferd unter den ersten dreien ist.
etc.
b) Es sollte herausgehoben werden, dass es Wettmöglichkeiten gibt, bei denen es nur darauf ankommt, dass ein bestimmtes Pferd unter den Siegern ist.
c) Beispiel: Es wurde gewettet, dass die Pferde mit den Nummern 2, 5, 3 unabhängig von der Reihenfolge die Ersten sind.

S. 9 **2** a) $A = \{2; 3; 5; 7\}$; $B = \{0; 5\}$; $C = \{1; 3; 5; 7; 9\}$; $D = \{9\}$; $E = \{1; 4; 9\}$
b) Für die Zufallsgröße X gilt: $X: \{1; 2; 3; 4; 5; 6; 7; 8; 9\} \rightarrow \{1; 2; 3; 4\}$
$X(1) = 1$; $X(2) = 2$; $X(3) = 2$; $X(4) = 3$; $X(5) = 2$; $X(6) = 4$; $X(7) = 2$; $X(8) =) 4$; $X(9) = 3$

**3** a) Fasst man die Wahl der Straßenbahnen als Zufallsexperiment auf, so kann man die möglichen Ergebnisse als Zahlenpaare schreiben. Die Komponenten der Paare entsprechen den Nummern der Linien.
Für die Ergebnismenge S gilt: $S = \{(1; 7); (1; 10); (1; 11); (2; 7); (2; 10); (2; 11)\}$.
b) Für die Zufallsgröße X gilt:
X: S → {„Fahrzeit über 15 Minuten“; „Fahrzeit höchstens 15 Minuten“} mit
$X(\{(1; 7)\}) = X(\{(1; 10)\}) = X(\{(1; 11)\}) = X(\{(2; 10)\}) = X(\{(2; 11)\})$ = „Fahrzeit höchstens 15 Minuten“.
$X(\{(2; 7)\})$ = „Fahrzeit über 15 Minuten“

**4** Das Geburtsjahr von GAUSS ist 1777, das von EULER 1707 und das von PASCAL 1623. Ordnet man die Angaben der Geburtsjahre in der Reihenfolge GAUSS, EULER, PASCAL an, so gilt für die gesuchte Zufallsgröße X:
$X(\{(1623; 1777; 1707)\}) = X(\{(1707; 1623; 1777)\}) = 0$
$X(\{(1777; 1623; 1707)\}) = X(\{(1707; 1777; 1623)\}) = X(\{(1623; 1707; 1777)\}) = 1$
$X(\{(1777; 1707; 1623)\}) = 3$

**5** Gibt man die Reihenfolge der aufgedeckten Buchstaben in der Form „ABC“ an, gilt:
a) $X(\{BAC; CAB\}) = 1$
b) $X(\{ABC; ACB\}) = 2$
c) $X(\{BCA; CBA\}) = -3$
d) $X(\{ABC; ACB; CAB; BCA; CBA\})$

**6** $X(\{wwwwz; wwwzz; wwzzz; wzzzz; zwwww; zzwww; zzzww; zzzzw\}) = 2$

**7** Individuelle Lösung

*S. 9* **8** a) $S_1$ hat $2^3 = 8$ Teilmengen, $S_2$ hat $2^2 = 4$ Teilmengen, $S_3$ hat $2^1 = 2$ Teilmengen und $S_4$ hat $2^0 = 1$ Teilmenge.
b) Eine Menge mit n Elementen hat $2^n$ Teilmengen.

## 2 *Relative Häufigkeiten und Wahrscheinlichkeiten*

*S. 10* **1** Unter den 32 Karten sind 8 Herz-Karten sowie 12 so genannte „Bilder" (Bube, Dame, König). Man wird deshalb unter der Annahme, dass jede Karte mit der gleichen „Wahrscheinlichkeit" gezogen wird, eher wetten, dass ein Bube oder eine Dame oder ein König gezogen wird.

*S. 11* **2** a)

| P(a) | P(b) | P(c) | P(d) |
|---|---|---|---|
| $\frac{7}{25}$ | $\frac{4}{25}$ | $\frac{6}{25}$ | $\frac{8}{25}$ |

b) $P(b) + P(c) = \frac{4}{25} + \frac{6}{25} = \frac{2}{5}$

c) $P(\text{„nicht a“}) = 1 - P(a) = 1 - \frac{7}{25} = \frac{18}{25}$

**3** Individuelle Lösung

**4** Wenn alle Ergebnisse gleich wahrscheinlich sind, so ergeben sich die „zu erwartenden" relativen Häufigkeiten der möglichen Ereignisse aus den Quotienten aller möglichen Ergebnisse und der Anzahl der Ergebnisse, die zu dem jeweiligen Ergebnis gehören. Dies lässt sich etwa am Beispiel „Würfeln" leicht erläutern.

**5** Die Ergebnismenge hat 36 Elemente. Durch Abzählen der jeweils günstigen Ergebnisse erhält man:
P(„1. Augenzahl größer als 2. Augenzahl") $= \frac{15}{36}$
P(„Produkt beiden Augenzahlen größer 9") $= \frac{19}{36}$

**6** Schreibt man die möglichen Ergebnisse des Würfelns unter Berücksichtigung der Reihenfolge (!) auf, so stellt man fest, dass die Augensumme 9 auf 25 Arten erwürfelt werden kann und die Augensumme 10 auf 27 Arten.
Da es unter Berücksichtigung der Reihenfolge 216 mögliche Ergebnisse gibt, gilt:
P(„Augensumme 9") $= \frac{25}{216}$ und P(„Augensumme 10") $= \frac{27}{216}$.
Der Fürst rechnete
$9 = 1 + 2 + 6 = 1 + 3 + 5 = 1 + 4 + 4 = 2 + 2 + 5 = 2 + 3 + 4 = 3 + 3 + 3$
$10 = 1 + 3 + 6 = 1 + 4 + 5 = 2 + 2 + 6 = 2 + 3 + 5 = 2 + 4 + 4 = 3 + 3 + 4$
und berücksichtigte nicht die möglichen „Permutationen" der Summanden.

# 3 Mehrstufige Zufallsexperimente

S. 12 **1** Die gesuchte Wahrscheinlichkeit beträgt $\frac{1}{36}$.

**2** Die gesuchte Wahrscheinlichkeit beträgt $\frac{1}{6}$.

S. 13 **3** a) Die gesuchte Wahrscheinlichkeit beträgt $\frac{1}{5}$.
b) Die gesuchte Wahrscheinlichkeit beträgt $\frac{18}{125}$.

**4** Die gesuchte Wahrscheinlichkeit beträgt $\frac{1}{5} \cdot \frac{1}{4} \cdot 3 = \frac{3}{20}$.

**5** a) Die Wahrscheinlichkeit, dass nur der dritte Kontrollierte ein Schmuggler ist, beträgt
$\frac{25}{30} \cdot \frac{24}{29} \cdot \frac{5}{28} \approx 0{,}12$.
b) Die Wahrscheinlichkeit, dass zwei der Kontrollierten Schmuggler sind, beträgt
$\frac{5}{30} \cdot \frac{4}{29} \cdot \frac{25}{28} \cdot 3 \approx 0{,}06$.

S. 14 **6** Die Wahrscheinlichkeit, dass die Tontaube nicht getroffen wird, beträgt
$0{,}45 \cdot 0{,}3 \cdot 0{,}15 = 0{,}020\,25 \approx 0{,}02$.

**7** a) Die Wahrscheinlichkeit, dass das Teil fehlerfrei ist, beträgt $0{,}98^2 \cdot 0{,}96 \cdot 0{,}97^2 \approx 0{,}87$.
b) Die Wahrscheinlichkeit, dass das Teil nach dem dritten Schritt fehlerhaft ist, beträgt
$1 - 0{,}98^2 \cdot 0{,}96 \approx 0{,}08$.

**8** a) Die gesuchte Wahrscheinlichkeit beträgt $0{,}2^n$.
b) Die gesuchte Wahrscheinlichkeit beträgt $1 - 0{,}2^n$.

**9** a) Die gesuchte Wahrscheinlichkeit beträgt $\frac{1}{37}$.
b) Die gesuchte Wahrscheinlichkeit beträgt $\frac{1}{37}$.
c) Die gesuchte Wahrscheinlichkeit beträgt $\frac{36^2}{37^3}$.

**10** a) Die gesuchte Wahrscheinlichkeit beträgt $\left(\frac{1}{3}\right)^3 = \frac{1}{27}$.
b) Die gesuchte Wahrscheinlichkeit beträgt $\frac{1}{3} \cdot \frac{1}{2} = \frac{1}{6}$.

**11** Die Wahrscheinlichkeit T – u – S zu ziehen beträgt für den ersten Kasten $\frac{1}{3} \cdot \frac{1}{2} = \frac{1}{6}$ und für den zweiten Kasten $\frac{2}{6} \cdot \frac{2}{5} \cdot \frac{2}{4} = \frac{1}{15}$. Man sollte den ersten Kasten wählen.

**12** a) Die Wahrscheinlichkeit, dass Dienstag ein regenfreier Tag ist, beträgt
$\frac{5}{6} \cdot \frac{5}{6} + \frac{1}{6} \cdot \frac{1}{3} = \frac{27}{36} = \frac{3}{4}$.
b) Die Wahrscheinlichkeit, dass Mittwoch ein Regentag ist, beträgt
$\left(\frac{5}{6}\right)^2 \cdot \frac{1}{6} + \frac{5}{6} \cdot \frac{1}{6} \cdot \frac{2}{3} + \left(\frac{1}{6}\right)^2 \cdot \frac{1}{3} + \frac{1}{6} \cdot \left(\frac{2}{3}\right)^2 = \frac{7}{24}$.

# 4 *Bedingte Wahrscheinlichkeiten*

*S. 15* **1** a) Die gesuchte Wahrscheinlichkeit beträgt $\frac{1}{3}$.
b) Die gesuchte Wahrscheinlichkeit beträgt $\frac{2}{3}$.

*S. 16* **2** a) Die gesuchte Wahrscheinlichkeit beträgt $\frac{1}{8}$.
b) Die gesuchte Wahrscheinlichkeit beträgt $\frac{7}{8}$.
Hinweis: Die Wahrscheinlichkeiten ändern sich nicht, wenn man die Information „Karte ist schwarz“ nicht hat.

**3** a) $P(A) = \frac{1}{2}$; $P(B) = \frac{1}{8}$; $P(A \cap B) = \frac{1}{8}$; $P_A(B) = \frac{1}{8} : \frac{1}{2} = \frac{1}{4}$; $P_B(A) = 1$
b) $P(A) = \frac{1}{2}$; $P(B) = \frac{3}{8}$; $P(A \cap B) = \frac{1}{8}$; $P_A(B) = \frac{1}{8} : \frac{1}{2} = \frac{1}{4}$; $P_B(A) = \frac{1}{8} : \frac{3}{8} = \frac{1}{3}$

**4** $P(A) = P(B) = 0{,}5$; $P(A \cap B) = 0{,}3$; $P_A(B) = 0{,}6$; A, B sind abhängig.

**5** a) Die gesuchte Wahrscheinlichkeit beträgt 0,2.
b) Die gesuchte Wahrscheinlichkeit beträgt 0,125.

**6** Unmittelbar einsichtig ist: Die Ereignisse A und B sind abhängig. Die Ereignisse B und C sind abhängig. $P(A) = \frac{1}{2}$; $P(C) = \frac{5}{6}$; $P(A \cap C) = \frac{1}{3}$; $P_A(C) = \frac{2}{3}$; also sind die Ereignisse A und C abhängig.

**7** a) A, B sind abhängig; gäbe es die Null nicht, wären A, B unabhängig.
b) A, B sind abhängig; gäbe es die Null nicht, wären A, B unabhängig.
c) A, B sind abhängig.

**8** Unabhängig sind: A, B; A, C; C, D.

**9** Man könnte z. B. zwei Urnen nehmen. In der ersten Urne sind die Zahlen 2, 4, 6 (bzw. 3, 6), in der zweiten Urne die Zahlen 1, 3, 5 (bzw. 1, 2, 4, 5). Das zusammengesetzte Experiment besteht aus der zufälligen Wahl der Urne und dann dem Ziehen eines Zettels aus dieser Urne.

**10** a) Voraussetzung: $P(B) = P_A(B)$. Begründung:
$P(B) = P(A) \cdot P_A(B) + P(\overline{A}) \cdot P_{\overline{A}}(B)$ (z. B. Pfadregel)
$\Leftrightarrow P(B) = P(A) \cdot P(B) + P(\overline{A}) \cdot P_{\overline{A}}(B)$
$\Leftrightarrow P(B)[1 - P(A)] = P(\overline{A}) \cdot P_{\overline{A}}(B)$
$\Leftrightarrow P(B) \cdot P(\overline{A}) = P(\overline{A}) \cdot P_{\overline{A}}(B)$
$\Leftrightarrow P(B) = P_{\overline{A}}(B)$
b) Voraussetzung: $P(B) = P_A(B)$ und $A \cap B = B \cap A$. Begründung:
$P(A \cap B) = P(A) \cdot P_A(B)$ und $P(B \cap A) = P(B) \cdot P_B(A)$
$\Rightarrow P(A) \cdot P_A(B) = P(B) \cdot P_B(A)$
$\Rightarrow P(A) \cdot P(B) = P(B) \cdot P_B(A) \Rightarrow P(A) = P_B(A)$

## 5 BERNOULLI-Ketten, Binomialverteilungen

S. 17 **1** Unterstellt man, dass die Trefferwahrscheinlichkeit 0,5 ist, so erhält man:
a) Wahrscheinlichkeit alle Flaggen richtig einzuordnen: $0{,}5^4 = 0{,}0625$
b) Wahrscheinlichkeit genau zwei Flaggen richtig einzuordnen: $6 \cdot 0{,}5^2 \cdot 0{,}5^2 = 0{,}375$
c) Wahrscheinlichkeit genau drei Flaggen falsch einzuordnen: $4 \cdot 0{,}5 \cdot 0{,}5^3 = 0{,}25$
d) Wahrscheinlichkeit alle Flaggen falsch einzuordnen: $0{,}5^4 = 0{,}0625$.

S. 19 **2** a) BERNOULLI-Kette der Länge 10; Trefferwahrscheinlichkeit 0,5
b) BERNOULLI-Kette der Länge 10; Trefferwahrscheinlichkeit i. A. ungleich 0,5.
c) Streng genommen handelt es sich nicht um eine BERNOULLI-Kette. Näherungsweise kann das Experiment jedoch als BERNOULLI-Kette der Länge 5 aufgefasst werden. In diesem Fall geht man davon aus, dass es sich um eine große Grundgesamtheit handelt und die Wahrscheinlichkeit, dass eine Birne die Mindestbrenndauer erfüllt, bei Birnen gleich ist.
d) BERNOULLI-Kette der Länge 8, wenn man unterstellt, dass die Wahrscheinlichkeit für Blutgruppe A bei allen Personen gleich ist.
e) BERNOULLI-Kette der Länge 10; Trefferwahrscheinlichkeit 0,5. Das Experiment kann wie Aufgabe a) aufgefasst bzw. interpretiert werden.
f) Keine BERNOULLI-Kette, da die Wahrscheinlichkeit für „Kopf" bei den Münzen als verschieden angesehen werden kann.

**3** a) $n = 4;\ p = \frac{1}{6}$ b) $n = 48;\ p = \frac{1}{4}$ c) $n = 10;\ p = 0{,}05$ d) $n = 10;\ p = 0{,}025$

**4** a) 0,2461 b) 0,0547 c) 0,1719

**5** Mit der Wahrscheinlichkeit 0,1176 werden alle sechs Patienten geheilt.

**6** $n = 15;\ p = 0{,}02;\ P(X > 2) = 0{,}003$

S. 20 **7** $n = 6;\ p = 0{,}125;\ P(X > 0) = 1 - P(X = 0) = 1 - 0{,}4488 = 0{,}5512$

**8** a) $n = 10;\ p = \frac{1}{3};\ P(X = 5) = 0{,}1366$ b) $n = 10;\ p = \frac{1}{3};\ P(X > 5) = 0{,}0766$

**9** a) X: Anzahl der Ablenkungen nach rechts.
Eine Kugel fällt ins Fach Nr. i, wenn sie i-mal nach rechts und (4 – i)-mal nach links abgelenkt wird.
$P(X = 0) = \binom{4}{0} \cdot \left(\frac{1}{2}\right)^0 \cdot \left(\frac{1}{2}\right)^4 = 0{,}0625;\ P(X = 1) = \binom{4}{1} \cdot \left(\frac{1}{2}\right)^1 \cdot \left(\frac{1}{2}\right)^3 = 0{,}25;$
$P(X = 2) = 0{,}375;\ P(X = 3) = 0{,}25;\ P(X = 4) = 0{,}0625$
b) Das GALTON-Brett kann zur Veranschaulichung eines BERNOULLI-Experiments herangezogen werden: Das Auftreffen einer Kugel auf einen Nagel stellt ein BERNOULLI-Experiment mit den Ergebnissen „Ablenkung nach rechts"; „Ablenkung nach links" dar. Ist das Brett ideal, so beträgt die Wahrscheinlichkeit für beide Ablenkungen jeweils 0,5. (Es gibt auch „schiefe" Bretter, mit denen jede Wahrscheinlichkeit simuliert werden kann.)

*S. 20* **9** Das Durchlaufen einer Kugel durch ein n-reihiges GALTON-Brett kann als n-malige Durchführung eines BERNOULLI-Experiments, also als eine BERNOULLI-Kette der Länge n angesehen werden. Entspricht „Treffer" z. B. einer Ablenkung nach rechts, so fällt die Kugel in Fach Nr. i, falls sie i-mal nach rechts und (n – i)-mal nach links abgelenkt wurde.

**10** $n = 4;\ p = 0{,}05;\ P(X = 0) = 0{,}815$
$n = 10;\ p = 0{,}05;\ P(X = 0) = 0{,}5987$

**11** a) 0,0625 b) 0,0158 c) 0,0625 d) 0,0058 e) 0,0313 f) 0,0154

**12** Gibt X die Anzahl der angebrochenen Eier an, so gilt mit $n = 12;\ p = \frac{1}{12}$:
a) $P(X = 0) = 0{,}3520 \approx 35\,\%$
b) $P(X \geqq 2) = 0{,}2640 \approx 26\,\%$
c) Gibt Y die Anzahl der Schachteln mit ausschließlich unversehrten Eiern an, so gilt:
$n = 10;\ p = \left(\frac{11}{12}\right)^{12} \approx 0{,}352;\ P(Y = 2) = 0{,}1733 \approx 17\,\%$

**13** X: Anzahl der Treffer
$P(X \geqq 2) = 1 - [P(X = 0) + P(X = 1)] = 1 - \left[\left(\frac{1}{2}\right)^n + n \cdot \left(\frac{1}{2}\right)^1 \cdot \left(\frac{1}{2}\right)^{n-1}\right] = 1 - \frac{n+1}{2^n}$

| n | 2 | 3 | 4 | 5 | 6 | 7 | 8 | 9 | … *) |
|---|---|---|---|---|---|---|---|---|---|
| $P(X \geqq 2)$ | 0,25 | 0,5 | 0,69 | 0,81 | 0,89 | 0,94 | 0,97 | 0,98 | … |

Der Tabelle entnimmt man: Für die Mindestlänge n gilt: $n \geqq 7$.
*) Die Folge $a_n = \left(\frac{n+1}{2^n}\right)$ ist streng monoton abnehmend:
$\frac{a_{n+1}}{a_n} = \frac{(n+2)2^n}{(n+1)2^{n+1}} = \frac{1}{2} + \frac{1}{2(n+1)} < \frac{1}{2} + \frac{1}{2} = 1.$

*S. 21* **14** a) $n = 10;\ p = 0{,}9;\ P(X \geqq 8) = P(X = 8) + P(X = 9) + P(X = 10)$
$= 0{,}1937 + 0{,}3874 + 0{,}3487 = 0{,}9298$
b) $n = 15;\ p = 0{,}2;\ P(Y \leqq 4) = P(Y = 0) + P(Y = 1) + P(Y = 2) + P(Y = 3) + P(Y = 4)$
$= 0{,}0352 + 0{,}1319 + 0{,}2309 + 0{,}2501 + 0{,}1876 = 0{,}8357$

**15** Bücher lesen:
a) Treffer: Ein zufällig ausgewählter Jugendlicher greift häufiger zu einem Buch.
Trefferwahrscheinlichkeit: $p = 0{,}42$
Aufgabe: Wie groß ist die Wahrscheinlichkeit, dass unter 10 Jugendlichen höchstens 2 sind, die häufiger lesen?
Lösung: X: Anzahl derjenigen unter 10 Jugendlichen, die häufiger lesen
$P(X \leqq 2) = P(X = 0) + P(X = 1) + P(X = 2) = 0{,}0043 + 0{,}0312 + 0{,}1017 = 0{,}1372$
b) Treffer: Ein zufällig ausgewählter Bundesbürger greift häufiger zu einem Buch.
Trefferwahrscheinlichkeit $p = 0{,}37$
Aufgabe: Wie groß ist die Wahrscheinlichkeit, dass von 6 Bundesbürgern mehr als 4 häufiger lesen?
Lösung: X: Anzahl derjenigen unter 6 Bundesbürgern, die häufiger lesen
$P(X > 4) = P(X = 5) + P(X = 6) = 0{,}0262 + 0{,}0026 = 0{,}0288$

*S. 21* **15** Computer nutzen:

a) Treffer: Ein zufällig ausgewählter Jugendlicher verbringt einen Teil seiner Freizeit vor einem PC.
Trefferwahrscheinlichkeit: $p = 0{,}40$
Aufgabe: Mit welcher Wahrscheinlichkeit verbringen von 12 Jugendlichen höchstens 4 einen Teil ihrer Freizeit vor einem PC?
Lösung: X: Anzahl derjenigen unter 12 Jugendlichen, die einen Teil ihrer Freizeit vor einem PC verbringen

$$\begin{aligned} P(X \leqq 4) &= P(X = 0) + P(X = 1) + P(X = 2) + P(X = 3) + P(X = 4) \\ &= 0{,}0022 + 0{,}0174 + 0{,}0639 + 0{,}1419 + 0{,}2128 \\ &= 0{,}4382 \end{aligned}$$

b) Treffer: Ein zufällig ausgewählter Deutscher verbringt einen Teil seiner Freizeit vor einem PC.
Trefferwahrscheinlichkeit: $p = 0{,}11$
Aufgabe: Mit welcher Wahrscheinlichkeit verbringen von 15 Deutschen mehr als 12 einen Teil ihrer Freizeit vor einem PC?
Lösung: X: Anzahl derjenigen unter 15 Deutschen, die einen Teil ihrer Freizeit vor einem PC verbringen

$$P(X > 12) = P(X = 13) + P(X = 14) + P(X = 15) = 0{,}0000 + 0{,}0000 + 0{,}0000 = 0{,}0000$$

Die gesuchte Wahrscheinlichkeit ist praktisch 0.

Kino besuchen:

a) Treffer: Ein zufällig ausgewählter Jugendlicher geht regelmäßig ins Kino.
Trefferwahrscheinlichkeit: $p = 0{,}37$
Aufgabe: Mit welcher Wahrscheinlichkeit geht von 5 Jugendlichen genau einer regelmäßig ins Kino?
Lösung: X: Anzahl derjenigen unter 5 Jugendlichen, die regelmäßig ins Kino gehen.
$P(X = 1) = 0{,}2914$

b) Treffer: Ein zufällig ausgewählter Erwachsener geht regelmäßig ins Kino.
Trefferwahrscheinlichkeit: $p = 0{,}1$
Aufgabe: Mit welcher Wahrscheinlichkeit gehen von 10 Erwachsenen höchstens 3 regelmäßig ins Kino?

$$\begin{aligned} P(X \leqq 3) &= P(X = 0) + P(X = 1) + P(X = 2) + P(X = 3) \\ &= 0{,}3487 + 0{,}3874 + 0{,}1937 + 0{,}0574 \\ &= 0{,}9872 \end{aligned}$$

**16** Ist X die Anzahl der weißen Kugeln, so gilt:

$$P(X = 3) = \binom{5}{3} \cdot \frac{4}{10} \cdot \frac{3}{9} \cdot \frac{2}{8} \cdot \frac{6}{7} \cdot \frac{5}{6} = \frac{5}{21} \approx 0{,}2380.$$

**17** $p = 0{,}3$

**18** a)
$$\begin{aligned} \binom{n}{k} + \binom{n}{k+1} &= \frac{n!}{k! \cdot (n-k)!} + \frac{n!}{(k+1)! \cdot (n-k-1)!} = \frac{n! \cdot (k+1)}{(k+1)! \cdot (n-k)!} \cdot \frac{n! \cdot (n-k)}{(k+1)! \cdot (n-k)!} \\ &= \frac{n! \cdot (k+1+n-k)}{(k+1)! \cdot (n-k)!} = \frac{(n+1)!}{(k+1)! \cdot (n-k)!} = \binom{n+1}{k+1} \end{aligned}$$

b)
$$\binom{n}{k} = \frac{n!}{k! \cdot (n-k)!} = \frac{n!}{(n-(n-k))! \cdot (n-k)!} = \binom{n}{n-k}$$

S. 21 **19** a) $(a+b)^4 = 1a^4b^0 + 4a^3b^1 + 6a^2b^2 + 4a^1b^3 + 1a^0b^4$
b) $(a+b)^5 = 1a^5b^0 + 5a^4b^1 + 10a^3b^2 + 10a^2b^3 + 5a^1b^4 + 1a^0b^5$
c) $(a+b)^6 = 1a^6b^0 + 6a^5b^1 + 15a^4b^2 + 20a^3b^3 + 15a^2b^4 + 6a^1b^5 + 1a^0b^6$

## 6 *Tabellen und Tabellenkalkulationen bei Binomialverteilungen*

S. 24

| | | | | | |
|---|---|---|---|---|---|
| **1** | a) 0,6561 | b) 0,0046 | c) 0,0138 | d) 0,1472 | e) 0,0013 |
| | f) 0,1746 | g) 0,2669 | h) 0,0211 | i) 0,8601 | j) 0,0988 |
| **2** | a) 0,9887 | b) 0,3487 | c) 0,9769 | d) 0,0579 | e) 0,9310 |
| | f) 0,9536 | g) 0,0127 | h) 0,0210 | i) 0,5563 | j) 0,2197 |
| **3** | a) 0,1244 | b) 0,1256 | c) 0,2500 | d) 0,7500 | e) 0,1797 |
| | f) 0,1275 | g) 0,7044 | h) 0,8565 | i) 0,8215 | j) 0,4700 |
| **4** | a) 0,0607 | b) 0,5836 | c) 0,1398 | d) 0,0006 | e) 0,9393 |
| | f) 0,1861 | g) 0,5255 | h) 0,8127 | i) 0,4139 | j) 0,2890 |
| **5** | a) 0,1136 | b) 0,0210 | c) 0,8367 | d) 0,0165 | e) 0,4509 |
| | f) 0,9995 | g) 0,0000 | h) 0,5491 | i) 0,0000 | j) 0,0085 |

**6** Die Ergebnisse können direkt der Tabelle des Schülerbuches entnommen werden.

**7** $n = 100;\ p = \frac{1}{6}$
a) $P(X \leqq 15) = 0{,}3877$ b) $P(X > 25) = 0{,}0119$ c) $P(15 \leqq X \leqq 25) = 0{,}7007$

**8** a) $0{,}4^3 \cdot 0{,}6^7 = 0{,}0018$ b) $0{,}4^2 \cdot 0{,}6^8 = 0{,}0027$ c) $n = 10;\ p = 0{,}4;\ P(X \leqq 3) = 0{,}3823$

**9** $n = 15;\ p = 0{,}2$
a) $P(X = 1) = 0{,}1319$ b) $P(X \geqq 1) = 1 - P(X = 0) = 1 - 0{,}352 = 0{,}9648$
c) $P(X \leqq 2) = 0{,}3980$ d) $P(X > 3) = 1 - P(X \leqq 2) - P(X = 3) = 0{,}3519$

**10** Der Prüfplan ist besser, bei dem der Händler die kleinere Irrtumswahrscheinlichkeit eingeht, d. h., die Wahrscheinlichkeit die Sendung abzulehnen, obwohl höchstens 5 % Ausschuss insgesamt vorhanden ist.
Sei X: Anzahl der Ausschussstücke.
Prüfplan I: X ist $B_{10;0,05}$-verteilt. $P(X \geqq 1) = 0{,}4013$
Prüfplan II: X ist $B_{20;0,05}$-verteilt. $P(X \geqq 2) = 0{,}2642$
Der Prüfplan II ist vorzuziehen.

S. 25 **11** a) X: Anzahl der bestellten Fischgerichte. X ist $B_{100;\frac{1}{3}}$-verteilt.
$P(X > 33) = 0{,}4812$
Mit fast 50 % Wahrscheinlichkeit müssen weitere Fischgerichte zubereitet werden.
b) Gesucht ist k mit $P(X \leqq k) \geqq 0{,}9$. Die Tabelle ergibt $k \geqq 39$; es müssen mindestens 39 Fischgerichte zubereitet werden.

**12** Sei X: Anzahl der intakten Generatoren.
Vorschlag I: $P_I(X \geqq 1) = 1 - p^2$.
Vorschlag II: $P_{II}(X \geqq 2) = 1 - 4p^3 + 3p^4$.
$P_{II}(X \geqq 2) - P_I(X \geqq 1) = p^2(p-1)(3p-1)$
Wegen $0 < p < 1$ ist der zweite Faktor negativ und daher
$P_{II}(X \geqq 2) > P_I(X \geqq 1)$ für $3p - 1 < 0$ bzw. $p < \frac{1}{3}$;
$P_{II}(X \geqq 2) = P_I(X \geqq 1)$ für $3p - 1 = 0$ bzw. $p = \frac{1}{3}$;
$P_{II}(X \geqq 2) < P_I(X \geqq 1)$ für $3p - 1 > 0$ bzw. $p > \frac{1}{3}$.
Die Wahrscheinlichkeit, welcher Vorschlag eine größere Zuverlässigkeit besitzt, hängt von p ab.

**13** a) $0{,}6 \cdot 10^{-11}$ b) $0{,}4 \cdot 10^{-18}$ c) $0{,}3 \cdot 10^{-3}$ d) 0,013 e) $0{,}1 \cdot 10^{-9}$

**14** a) 1 b) $0{,}2 \cdot 10^{-26}$ c) 0,0698 d) 0,9595 e) 0,9612

**15** a) $0{,}9 \cdot 10^{-4}$ b) 0,9949 c) 0,0067 d) $0{,}9 \cdot 10^{-7}$ e) 0,9999
f) 0,0007 g) 0,0117 h) 0,5103 i) 0,0051 j) 0,0020

**16** a) und b)

| | A | B | C | D | E | F | G | H | I |
|---|---|---|---|---|---|---|---|---|---|
| 1 | | | | | | | | | |
| 2 | | | | | | | | | |
| 3 | **k** | **0** | **1** | **2** | **3** | **4** | **5** | **6** | **7** |
| 4 | B(n,p)(k) | 4,37894E-13 | 3,7221E-11 | 1,47643E-09 | 3,62546E-08 | 6,16328E-07 | 7,68356E-06 | 7,2567E-05 | 0,0005287 |
| 5 | F(n;p)(k) | 4,37894E-13 | 3,76589E-11 | 1,51409E-09 | 3,77687E-08 | 6,54097E-07 | 8,33766E-06 | 8,09046E-05 | 0,00060961 |
| 6 | | | | | | | | | |
| 7 | **k** | **8** | **9** | **10** | **11** | **12** | **13** | **14** | **15** |
| 8 | B(n,p)(k) | 0,002995979 | 0,0132045 | 0,044895301 | 0,115639411 | 0,218429998 | 0,285639229 | 0,231231756 | 0,08735422 |
| 9 | F(n;p)(k) | 0,003605586 | 0,016810086 | 0,061705387 | 0,177344798 | 0,395774796 | 0,681414024 | 0,912645781 | 1 |

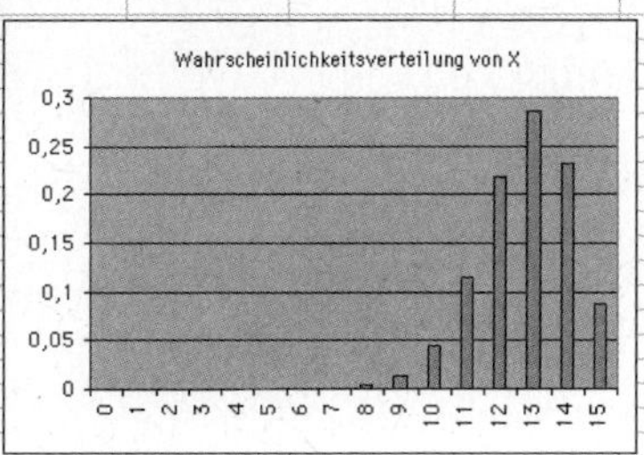


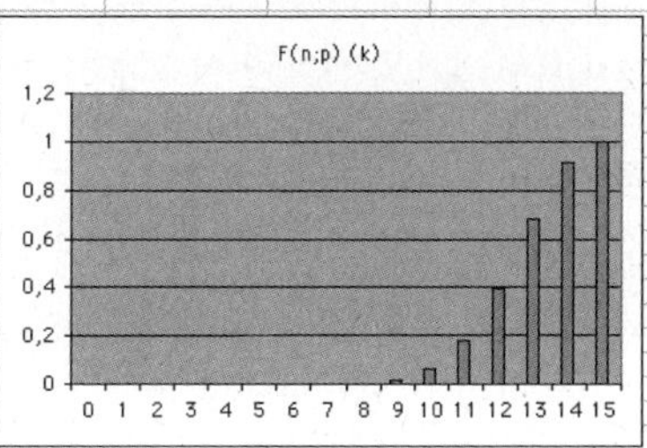


**17** Die gesuchte Wahrscheinlichkeit beträgt 0,9983.

**18** Die gesuchte Wahrscheinlichkeit beträgt 0,6772.

## 7 *Der Erwartungswert einer Zufallsgröße*

S. 26 **1** Alle Autoren der Bücher sind in der Auswahlliste. Geht man davon aus, dass jemand rät, so tippt er bei jedem Buch mit der Wahrscheinlichkeit 0,5 richtig. Also gilt: Wenn alle Kandidaten raten, dann werden „im Mittel" bei 2,5 Büchern die richtigen Antworten gegeben und somit kann man sagen:
a) Jemand kennt sich wahrscheinlich in der Literatur (zumindest etwas) aus, wenn er dreimal oder öfter „ja" gesagt hat.
b) Jemand kennt sich wahrscheinlich in der Literatur nicht aus, wenn er zweimal oder weniger „ja" gesagt hat.

S. 27 **2** Es gibt zwei Möglichkeiten:
- Man bildet die mittlere Zeilenzahl pro Seite und die mittlere Wörterzahl pro Zeile.
- Man berechnet die Wörterzahl pro Seite und bildet deren Mittelwert.

In beiden Fällen ergeben sich $0{,}387 \cdot 10^6$ Wörter im gesamten Roman.

**3** Gibt X die Trefferzahl in einer Dreierserie an, so gilt $E(X) = 1{,}8$.

**4** Gibt X den Gewinn des Spielers in Prozent des Einsatzes an, so gilt in allen Fällen $E(X) = -\frac{1}{37} \approx -0{,}027$, das heißt, ein Spieler verliert langfristig 2,7 % seines Einsatzes.

S. 28 **5** Gibt X die angezeigte Zahl an und ist jede Zahl gleich wahrscheinlich, so gilt $E(X) = 4{,}5$. Man kann dennoch aus dem Testergebnis nicht schließen, dass alle Zahlen mit gleicher Wahrscheinlichkeit auftreten.

**6** Die Wahrscheinlichkeit, dass genau zwei weiße unter den fünf Kugeln sind, beträgt $\frac{5}{12}$.
Gib X den Gewinn des Spielers an, so gilt: $E(X) = 1{,}25$ Euro.
Das Spiel „lohnt" sich also für den Spieler.

**7** Es sind 5 falsche Entscheidungen zu erwarten.

**8** Es sind 6 defekte Glühbirnen im Mittel zu erwarten.

**9** a) Es sind 9240 mangelhafte Autos zu erwarten.
b) Die gesuchte Wahrscheinlichkeit beträgt 0,3967; also etwa 40 %.

**10** $E(X) = 4;\ 8;\ 12;\ 20;\ 40$

**11** $E(X) = 28;\ 35;\ 42;\ 52{,}5$

**12** $k = 3$

**13** a) Der „glockenförmige Berg (d. h. das Maximum) wandert nach rechts". Die Säulenhöhe beträgt für $k = 0$ bis $k = 39$ jeweils 0. Für $k = 40$ beträgt die Säulenhöhe 1.

*S. 28* ***13*** b)

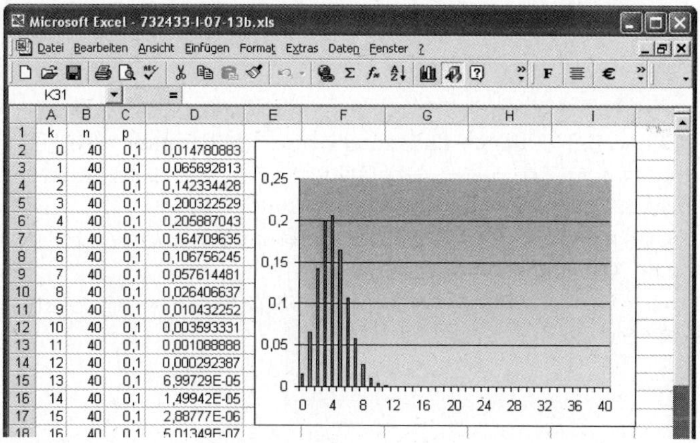


| | A | B | C | D |
|---|---|---|---|---|
| 1 | k | n | p | |
| 2 | 0 | 40 | 0,1 | 0,014780883 |
| 3 | 1 | 40 | 0,1 | 0,065692813 |
| 4 | 2 | 40 | 0,1 | 0,142334428 |
| 5 | 3 | 40 | 0,1 | 0,200322529 |
| 6 | 4 | 40 | 0,1 | 0,205887043 |
| 7 | 5 | 40 | 0,1 | 0,164709635 |
| 8 | 6 | 40 | 0,1 | 0,106756245 |
| 9 | 7 | 40 | 0,1 | 0,057614481 |
| 10 | 8 | 40 | 0,1 | 0,026406637 |
| 11 | 9 | 40 | 0,1 | 0,010432252 |
| 12 | 10 | 40 | 0,1 | 0,003593331 |
| 13 | 11 | 40 | 0,1 | 0,001088888 |
| 14 | 12 | 40 | 0,1 | 0,000292387 |
| 15 | 13 | 40 | 0,1 | 6,99729E-05 |
| 16 | 14 | 40 | 0,1 | 1,49942E-05 |
| 17 | 15 | 40 | 0,1 | 2,88777E-06 |
| 18 | 16 | 40 | 0,1 | 5,01349E-07 |

***14*** a) $\mu = 0 \cdot B_{1;p}(0) + 1 \cdot B_{1;p}(1) = 0 + \binom{1}{1} \cdot p^1 \cdot (1-p)^0 = 1 \cdot p$

b) $\mu = 0 \cdot B_{2;p}(0) + 1 \cdot B_{2;p}(1) + 2 \cdot B_{2;p}(2) = 0 + \binom{2}{1} \cdot p^1 \cdot (1-p)^1 + 2 \cdot \binom{2}{2} \cdot p^2 \cdot (1-p)^0$

$= 2p - 2p^2 + 2p^2 = 2p$

c) $\mu = 0 \cdot B_{3;p}(0) + 2 \cdot B_{3;p}(2) + 3 \cdot B_{3;p}(3)$

$= 0 + \binom{3}{1} \cdot p^1 \cdot (1-p)^2 + 2 \cdot \binom{3}{2} \cdot p^2 \cdot (1-p)^1 + 3 \cdot \binom{3}{3} \cdot p^3 \cdot (1-p)^0$

$= 3p(1-p)^2 + 6p^2 - 6p^3 + 3p^3 = 3p - 6p^2 + 3p^3 + 6p^2 - 6p^3 + 3p^3 = 3p$

## 8 *Standardabweichung – Sigmaregeln*

*S. 29* ***1*** a) Die zu erwartende durchschnittliche Augenzahl ist bei beiden Würfeln 3,5.
b) Die Tabellen lassen vermuten, dass die Ergebnisse von Würfel II „stärker streuen" als die von Würfel I.

*S. 31* ***2*** Erwartungswert: 7; Varianz: 2,42

***3*** X beschreibt die Einnahme des Vereins pro Spiel.

a) Variante I: $E(X) = 5 \cdot \frac{5}{8} - 7 \cdot \frac{3}{8} = \frac{1}{2}$; Variante II: $E(X) = 2 \cdot \frac{5}{8} - 2 \cdot \frac{3}{8} = \frac{1}{2}$

b) Variante I: $V(X) = \left(5 - \frac{1}{2}\right)^2 \cdot \frac{5}{8} + \left(-7 - \frac{1}{2}\right)^2 \cdot \frac{3}{8} = 33\frac{3}{4}$; $\sqrt{V(X)} \approx 5{,}8$

Variante II: $V(X) = \left(2 - \frac{1}{2}\right)^2 \cdot \frac{5}{8} + \left(-2 - \frac{1}{2}\right)^2 \cdot \frac{3}{8} = 3\frac{3}{4}$; $\sqrt{V(X)} \approx 1{,}9$

c) Bei beiden Varianten ist der zu erwartende Gewinn des Vereins pro Spiel gleich groß. Bei Variante I sind jedoch die „Gewinnschwankungen" größer.

***4*** a) Erwartungswert: 4,125
b) Standardabweichung: 0,780 624 749 ≈ 0,78

*S. 31* **5** X gibt den Gewinn des Spielers A pro Spiel an.
$E(X) = -1{,}5$ (Euro). B ist langfristig im Vorteil.
$\sqrt{V(X)} \approx 5{,}37$

*S. 32* **6** Es sind pro Kontrollabend 3 „Alkoholsünder am Steuer" zu erwarten. $\sigma \approx 1{,}73$

**7** a) Da $\sigma \approx 3{,}46$ bzw. $\sigma = 4$, gelten jeweils die σ-Regeln:
$P(\mu - \sigma \leqq X \leqq \mu + \sigma) \approx 0{,}68$; $P(\mu - 2\sigma \leqq X \leqq \mu + 2\sigma) \approx 0{,}95$;
$P(\mu - 3\sigma \leqq X \leqq \mu + 3\sigma) \approx 0{,}99$

b)

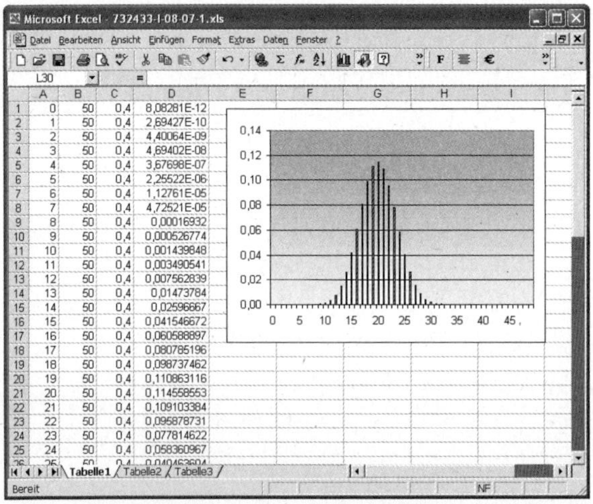


| | A | B | C | D |
|---|---|---|---|---|
| 1 | 0 | 50 | 0,4 | 8,08281E-12 |
| 2 | 1 | 50 | 0,4 | 2,69427E-10 |
| 3 | 2 | 50 | 0,4 | 4,40064E-09 |
| 4 | 3 | 50 | 0,4 | 4,69402E-08 |
| 5 | 4 | 50 | 0,4 | 3,67698E-07 |
| 6 | 5 | 50 | 0,4 | 2,25522E-06 |
| 7 | 6 | 50 | 0,4 | 1,12761E-05 |
| 8 | 7 | 50 | 0,4 | 4,72521E-05 |
| 9 | 8 | 50 | 0,4 | 0,00016932 |
| 10 | 9 | 50 | 0,4 | 0,000526774 |
| 11 | 10 | 50 | 0,4 | 0,001439848 |
| 12 | 11 | 50 | 0,4 | 0,003490541 |
| 13 | 12 | 50 | 0,4 | 0,007562839 |
| 14 | 13 | 50 | 0,4 | 0,01473784 |
| 15 | 14 | 50 | 0,4 | 0,02596667 |
| 16 | 15 | 50 | 0,4 | 0,041546672 |
| 17 | 16 | 50 | 0,4 | 0,060588897 |
| 18 | 17 | 50 | 0,4 | 0,080785196 |
| 19 | 18 | 50 | 0,4 | 0,098737462 |
| 20 | 19 | 50 | 0,4 | 0,110863116 |
| 21 | 20 | 50 | 0,4 | 0,114558553 |
| 22 | 21 | 50 | 0,4 | 0,109103384 |
| 23 | 22 | 50 | 0,4 | 0,095878731 |
| 24 | 23 | 50 | 0,4 | 0,077814622 |
| 25 | 24 | 50 | 0,4 | 0,058360967 |

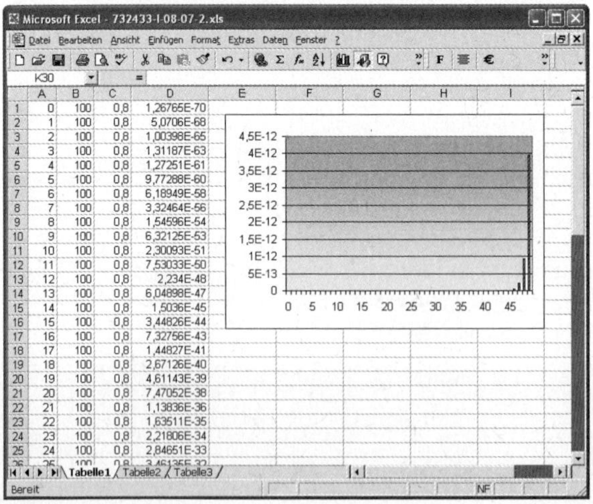


| | A | B | C | D |
|---|---|---|---|---|
| 1 | 0 | 100 | 0,8 | 1,26765E-70 |
| 2 | 1 | 100 | 0,8 | 5,0706E-68 |
| 3 | 2 | 100 | 0,8 | 1,00398E-65 |
| 4 | 3 | 100 | 0,8 | 1,31187E-63 |
| 5 | 4 | 100 | 0,8 | 1,27251E-61 |
| 6 | 5 | 100 | 0,8 | 9,77288E-60 |
| 7 | 6 | 100 | 0,8 | 6,18949E-58 |
| 8 | 7 | 100 | 0,8 | 3,32464E-56 |
| 9 | 8 | 100 | 0,8 | 1,54596E-54 |
| 10 | 9 | 100 | 0,8 | 6,32125E-53 |
| 11 | 10 | 100 | 0,8 | 2,30093E-51 |
| 12 | 11 | 100 | 0,8 | 7,53033E-50 |
| 13 | 12 | 100 | 0,8 | 2,234E-48 |
| 14 | 13 | 100 | 0,8 | 6,04898E-47 |
| 15 | 14 | 100 | 0,8 | 1,5036E-45 |
| 16 | 15 | 100 | 0,8 | 3,44826E-44 |
| 17 | 16 | 100 | 0,8 | 7,32756E-43 |
| 18 | 17 | 100 | 0,8 | 1,44827E-41 |
| 19 | 18 | 100 | 0,8 | 2,67126E-40 |
| 20 | 19 | 100 | 0,8 | 4,61143E-39 |
| 21 | 20 | 100 | 0,8 | 7,47052E-38 |
| 22 | 21 | 100 | 0,8 | 1,13836E-36 |
| 23 | 22 | 100 | 0,8 | 1,63511E-35 |
| 24 | 23 | 100 | 0,8 | 2,21806E-34 |
| 25 | 24 | 100 | 0,8 | 2,84651E-33 |

d) Für alle n und p mit $\sqrt{np(1-p)} > 3$; wegen der σ-Regeln.

**8** X gibt die Anzahl der aufgeklärten Betrugsdelikte pro 100 Fälle an.
$\mu = 82$; $\sigma \approx 3{,}84$
$P(78 \leqq X \leqq 86) \approx 0{,}68$; $P(74 \leqq X \leqq 90) \approx 0{,}95$; $P(70 \leqq X \leqq 94) \approx 0{,}99$

*S. 32* **9** Entsprechend σ-Regeln: $\mu = 100 \cdot \frac{1}{3} \approx 33{,}3$; $\sigma = \sqrt{100 \cdot \frac{1}{3} \cdot \frac{2}{3}} \approx 4{,}7$

a) $P(29 \leqq X \leqq 38) \approx 68\,\%$ b) $P(24 \leqq X \leqq 43) \approx 95\,\%$
c) $P(19 \leqq X \leqq 47) \approx 99\,\%$
aus Tabelle:
d) $P(33 \leqq X \leqq 36) \approx 30\,\%$ e) $P(31 \leqq X \leqq 38) \approx 60\,\%$

**10** a) $P(X = 0) = \frac{35}{120}$; $P(X = 1) = \frac{63}{120}$; $P(X = 2) = \frac{21}{120}$; $P(X = 3) = \frac{1}{120}$
b) $E(X) = \frac{13}{15}$; $\sqrt{V(X)} \approx \frac{7}{10}$
c) Die Wahrscheinlichkeit beträgt $\frac{1}{120}$.

**11** Die Funktion $\sigma^2(p) = np(1-p)$ hat an der Stelle $p = 0{,}5$ ein Maximum.
Somit hat auch die Funktion $\sigma(p) = \sqrt{np(1-p)}$ an der Stelle $p = 0{,}5$ ein Maximum.

**12** Gesuchte Wahrscheinlichkeit: 0,25

## *S. 33* 9 *Vermischte Aufgaben*

**1** a) Ergebnismenge: $\{(1;1), (1;2), (1;3), (1;4), (2;1), (2;2), \ldots, (4;4)\}$
b) Wenn das Tetraeder gleichmäßig gearbeitet wurde, beträgt für jedes Ergebnis die Wahrscheinlichkeit $\frac{1}{16}$.
c) $P(X = 5) = \frac{1}{4}$
d) Die Ereignisse A, B, C sind alle paarweise abhängig.

**2** Gesuchte Wahrscheinlichkeit: $\frac{1}{4}$

**3** a) 0,2007 b) 0,3669 c) 0,3823

**4** X gibt die Anzahl der Sprünge nach links an $(n = 10;\ p = 0{,}5)$
a) Wenn der Floh bei „4“ oder einer höheren Zahl landen will, darf er höchstens dreimal nach links springen. $P(X \geqq 3) = 0{,}1719$
b) (Fehler im 1. Druck des Schülerbuches. Richtig muss es heißen: „Mit welcher Wahrscheinlichkeit befindet er sich am Schluss wieder auf der ‚0‘?“)
Wenn der Floh am Schluss bei „0“ landen will, muss er genau fünfmal nach links springen. $P(X = 5) = 0{,}2461$
c) $E(X) = 5$
d) Wegen $E(X) = 5$ ist zu erwarten, dass der Floh am Schluss wieder bei der „0“ landet.
e) Um bei „2“ zu landen, muss der Floh insgesamt zweimal nach rechts und einmal nach oben springen. Die gesuchte Wahrscheinlichkeit beträgt $3 \cdot 0{,}6^2 \cdot 0{,}2 = 0{,}216$.

*S. 33* **5** X beschreibt den Gewinn des Spielers. $E(X) = \frac{1}{4} \cdot 15 + \frac{3}{4} \cdot (-5) = 0$. Das Spiel ist fair.

**6**

| | | | | |
|---|---|---|---|---|
| a) 0,0003 | b) 0,0013 | c) 0,0003 | d) 0,9997 | e) 0,0027 |
| f) 0,9741 | g) 0,0108 | h) 0,0259 | i) 0,0258 | j) 0,0107 |

*S. 34* **7**

| | | | |
|---|---|---|---|
| a) $n = 7$ | b) $n = 9$ | c) $n = 3$ | d) $n = 9$ |
| e) $n = 5$ | f) $n = 15$ | g) $n = 15$ | h) $n = 18$ |

**8** X gibt die Anzahl der dreisilbigen Wörten an. $n = 100$; $p = 0,1$
a) $P(X \geqq 11) = 0,4168$ b) s. Sigma-Regeln
c) $P(8 \leqq X \; 12) = 0,5958$

**9** a) $P(A) = 0,9^5 = 0,59049$
b) X: Anzahl der Treffer bei 5 Schüssen; X ist $B_{5;0,9}$-verteilt.
$P(B) = P(X \geqq 3) = 1 - P(X \leqq 2) = 1 - (1 - 0,9914) = 0,9914$
c) $P(C) = 0,1^3 \cdot 0,9^2 = 0,00081$
d) $P(D) = 0,1^2 \cdot 0,9 = 0,009$
e) $P(E) = 0,9 + 0,1 \cdot 0,9 = 0,99$
f) $P(F) = 0,9^3 \cdot 0,1^2 + 0,1^3 \cdot 0,9^2 = 0,0081$
g) $P(G) = 4 \cdot 0,9^2 \cdot 0,1^3 = 0,00324$

**10** a) und b) Da $\sigma \approx 4,9$ $(\sigma \approx 11,8)$, gelten jeweils die $\sigma$-Regeln:
$P(\mu - \sigma \leqq X \leqq \mu + \sigma) \approx 0,68$;
$P(\mu - 2\sigma \leqq X \leqq \mu + 2\sigma) \approx 0,95$;
$P(\mu - 3\sigma \leqq X \leqq \mu + 3\sigma) \approx 0,99$
b)

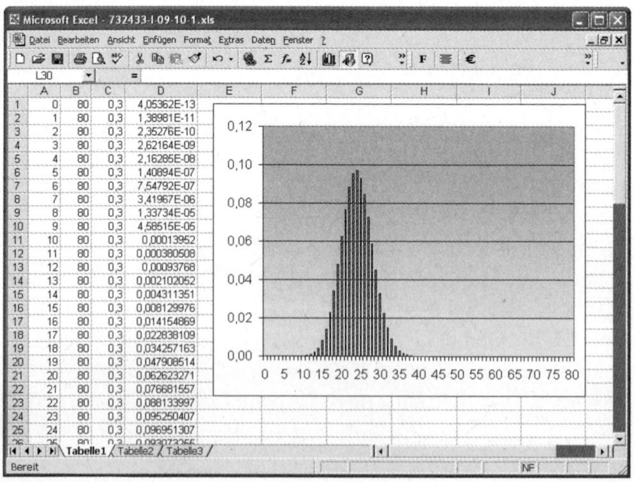

S. 34 **10** b)

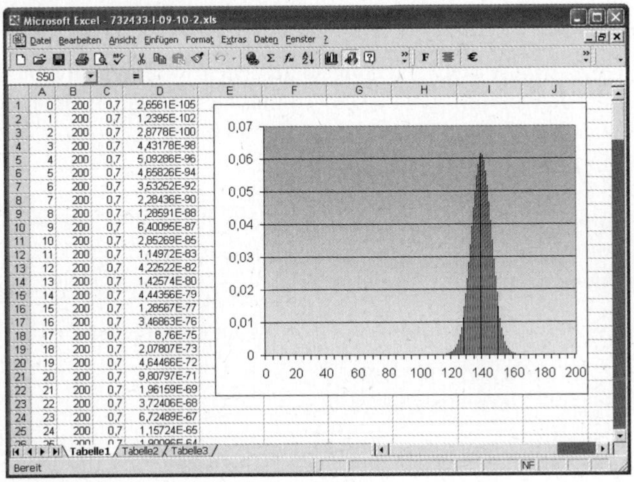


**11** G: Gewinn des Spielers (in DM)
E: Einsatz; A: Auszahlung

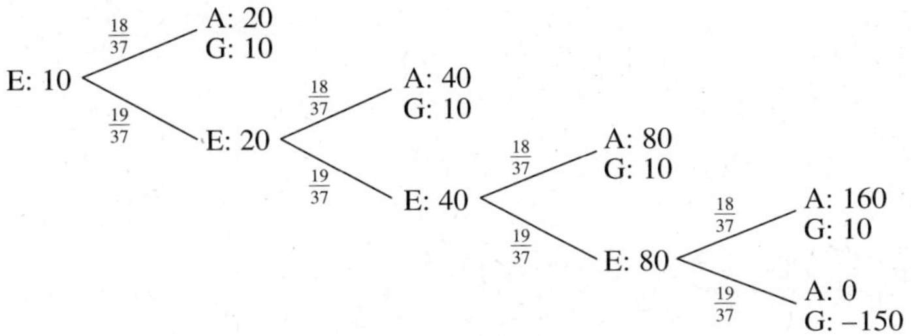


$$E(G) = 10 \cdot \left[ \frac{18}{37} + \frac{19}{37} \cdot \frac{18}{37} + \left(\frac{19}{37}\right)^2 \cdot \frac{18}{37} + \left(\frac{19}{37}\right)^3 \cdot \frac{18}{37} \right] - 150 \cdot \left(\frac{19}{37}\right)^4 \approx -1{,}13$$

**12** a) 0,8900 b) $71 \leqq X \leqq 128$ c) $P(3 \leqq X \leqq 33) \approx 99\,\%$

# *Mathematische Exkursionen*

S. 37 **1** c) Für das Beispiel aus Fig. 1 könnte die Beziehung so aussehen: Würde man annehmen, dass der Kopf symmetrisch ist mir $p(V) = 0{,}5$, so müsste die relative Häufigkeit bei 280 Würfen mit ca. 99 % Wahrscheinlichkeit liegen im $3\sigma$-Intervall

$\left[0{,}5 - 3 \cdot \frac{0{,}25}{\sqrt{280}};\, 0{,}5 + 3 \cdot \frac{0{,}25}{\sqrt{280}}\right] \approx [0{,}46;\, 0{,}54]$.

Tatsächlich liegt die relative Häufigkeit 62,9 % weit außerhalb dieses Intervalls, der Knopf ist nicht symmetrisch.

Eine weitere Beziehung ergibt sich durch Einzeichnen des $\frac{1}{\sqrt{n}}$-Trichters zu einem brauchbaren Schätzwert (hier etwa 0,63) der unbekannten Wahrscheinlichkeit $p(V)$.

**2** a) Aus der Gleichung $3 \cdot \frac{0{,}5}{\sqrt{n}} \leqq 0{,}1$ ergibt sich $n \geqq 225$.

b) Aus der Gleichung $3 \cdot \frac{\sqrt{0{,}1 \cdot 0{,}9}}{\sqrt{n}} \leqq 0{,}01$ ergibt sich $n \geqq 8100$.

**3** a) Aus der „allgemeinen" TSCHEBYSCHEFF-Ungleichung

$P(|X - \mu| > c) < \frac{\sigma^2}{c^2}$ folgt mit $\sigma = \sigma_n$ und $c = k\sigma_n$

$P(|X - np| > k\sigma_n) < \frac{\sigma_n^2}{(k\sigma_n)^2}$. Hieraus ergibt sich

$P\left(\left|\frac{X}{n} - \frac{np}{n}\right| > k\frac{\sqrt{np(1-p)}}{n}\right) < \frac{1}{k^2}$, also

$P\left(|h_n - p| > k\frac{\sigma_1}{\sqrt{n}}\right) < \frac{1}{k^2}$.

b) Aus $P(|X - \mu| > c) < \frac{\sigma^2}{c^2}$ folgt mit $\sigma = \sigma_n$ und $c = n\varepsilon$

$P(|X - np| > n\varepsilon < \frac{np(1-p)}{(n\varepsilon)^2}$ und hieraus

$P\left(\left|\frac{X}{n} - \frac{np}{n}\right| > \varepsilon\right) < \frac{p(1-p)}{n\varepsilon^2}$, also

$P(|h_n - p| > \varepsilon) < \frac{p(1-p)}{n\varepsilon^2}$.

c) Wegen b) konvergiert die Wahrscheinlichkeit dafür, dass die relative Häufigkeit $h_n$ von der Wahrscheinlichkeit p um mehr als $\varepsilon$ abweicht, mit wachsender Versuchszahl n gegen 0. Daher konvergiert die Wahrscheinlichkeit, dass sie um weniger als $\varepsilon$ abweicht, gegen 1.

# *II Beurteilende Statistik*

## *1 Testen der Hypothese $p = p_0$*

S. 42 **2** a) [18,07; 31,92] b) [15,88; 34,12] c) [2,53; 10,80]
d) [9,20; 17,47] e) [0,73; 9,27] f) [82,26; 97,74]

**3** a) Annahmebereich: [24,09; 42,57]
b) Da 25 im Annahmebereich liegt, wird man die Hypothese beibehalten.

**4** Als Annahmebereich erhält man [37,1; 62,9]. Da 64 nicht in diesem Bereich liegt, kann man annehmen, dass die Farben nicht gleich häufig sind.

**5** a) Bei einem Signifikanzniveau von 5 % ergibt sich für den Annahmebereich: [7,07; 19,43]. Bei einem Signifikanzniveau von 1 % ergibt sich für den Annahmebereich: [5,11; 21,38]. In beiden Fällen liegt 8 im Annahmebereich; man wird die Werbeaussage als gültig ansehen.
b) Bei einem Signifikanzniveau von 5 % ergibt sich für den Annahmebereich: [112,96; 152,04]. Bei einem Signifikanzniveau von 1 % ergibt sich für den Annahmebereich: [106,78; 158,22]. In beiden Fällen liegt 80 nicht im Annahmebereich; man wird die Werbeaussage als nicht richtig ansehen.

**6** $c = 2{,}836 \approx 3$; Signifikanzniveau $\approx 0{,}3\,\%$

**7** Testen der Anzahl der roten Linsen: $p = 0{,}4$; Annahmebereich: [26,5; 44,70]
Testen der Anzahl der weißen Linsen: $p = 0{,}6$; Annahmebereich: [44,3; 62,5]
Bei beiden Überprüfungen schließt man auf eine ungenügende Mischung.

**8** Man macht folgenden Ansatz:
$10 \geqq n \cdot 0{,}36 - 1{,}96\sqrt{n \cdot 0{,}36 \cdot 0{,}64} \;\wedge\; 10 \leqq n \cdot 0{,}36 + 1{,}96\sqrt{n \cdot 0{,}36 \cdot 0{,}64}$.
Dies kann man zusammenfassen zu:
$|10 - n \cdot p| \geqq 1{,}96\sqrt{n \cdot 0{,}36 \cdot 0{,}64}$.
Man erhält die quadratische Ungleichung $0{,}1296\,n^2 - 8{,}085\,104\,n + 100 > 0$ mit den Lösungen $n \geqq 45{,}383 \;\wedge\; n \leqq 17{,}002$.
Da das Ereignis mindestens 10-mal eintritt, gilt für die Anzahl n der Versuche:
$n \geqq 46 \;\vee\; 10 \leqq n \leqq 17$.

S. 43 **9** a) $p = 0{,}1$
b) Als Annahmebereich erhält man [0,82; 9,18]. Da 1 in diesem Bereich liegt, wird man die Hypothese, dass der Automat richtig eingestellt ist, nicht verwerfen.

**10** Mit $p = 0{,}5$ und $n = 50$ erhält man für den Annahmebereich [18,03; 31,96].
In den Fällen, in denen eine der beiden Sorten auf höchstens 17 Feldern einen Mehrertrag erbrachte, lässt sich auf eine unterschiedliche Ertragstärke schließen.

S. 43 ***11*** a) Mit $p = 0{,}5$ und $n = 50$ erhält man für den Annahmebereich [18,03; 31,96].
Da 31 im Annahmebereich liegt, wird man weiter davon ausgehen, dass das Tier beide Gangenden gleich häufig wählt.
b) In diesem Fall erhält man [37,10; 62,90] als Annahmebereich.

***12*** Als Annahmebereich erhält man [51,48; 91,94]. Da 58 in diesem Bereich liegt, wird man die Hypothese, dass die Wahrscheinlichkeit für einen Sonntag als Geburtstag $p = \frac{1}{7}$ ist, nicht verwerfen.

S. 44 ***13*** Hypothese: „Der Pilz ist giftig."
Fehler 1. Art: Die Hypothese ist richtig, wird aber trotzdem abgelehnt. D. h., der in Wirklichkeit giftige Pilz wird als nicht giftig angenommen.
Fehler 2. Art: Die Hypothese ist falsch, wird aber trotzdem nicht abgelehnt. D. h., der in Wirklichkeit ungiftige Pilz wird als giftig angenommen.
Der Pilzsammler sollte den Fehler 1. Art möglichst vermeiden.

***14*** Hypothese: „Die Medikamente A und B sind gleich gut."
Fehler 1. Art: Die Hypothese ist richtig, die Ärztin handelt aber nicht danach.
Fehler 2. Art: Die Hypothese ist falsch, die Ärztin handelt aber trotzdem danach.
Hypothese: „Das Medikament A ist besser als Medikament B."
Fehler 1. Art: Die Hypothese ist richtig, die Ärztin nimmt jedoch an, dass A genauso gut ist wie B oder sogar B besser als A ist.
Fehler 2. Art: Die Hypothese ist falsch, die Ärztin hält dennoch A für besser und verschreibt A häufiger als B.

***15*** a) Mit $p = 0{,}4$; $n = 100$ erhält man als Annahmebereich [31,97; 48,03]. Damit ist der Ablehnungsbereich [0; 31] und [49; 100].
b) $P(31 \leqq X \leqq 49) = F_{100;0,5}(49) - F_{100;0,5}(31) = 0{,}4602 - 0{,}001 = 0{,}4601 \approx 46\,\%$

***16*** a) Man erhält als Annahmebereich [15,88; 34,12]. Die Hypothese $p_0 = 0{,}5$, d. h., beide Seiten treten gleich häufig auf, kann beibehalten werden. Damit kann man die Hypothese, dass der Toast immer auf die „Butterseite" fällt, verwerfen.
b) Man erhält $\approx 2{,}26$. Dies entspricht ca. 97,6 %.
c) Für a): $P(15 \leqq X \leqq 35) = F_{50;0,5}(35) - F_{50;0,5}(15) = 0{,}9987 - 0{,}0033 = 0{,}9954 \approx 99{,}5\,\%$
Für b): $P(16 \leqq X \leqq 34) = F_{50;0,5}(34) - F_{50;0,5}(16) = 0{,}9967 - 0{,}0077 = 0{,}989 \approx 98{,}9\,\%$

***17*** Man erhält als Annahmebereich [3,7076; 12,2924]. Damit gilt für den Ablehnungsbereich [0; 3] und [13; 20]. Zu bestimmen ist damit:
$g(p) = P(X \leqq 3) + P(X \geqq 13) = F_{20;p}(3) + 1 - F_{20;p}(13)$. Man erhält:

| p | 0,1 | 0,2 | 0,3 | 0,4 | 0,5 | 0,6 | 0,7 |
|---|---|---|---|---|---|---|---|
| g(p) | 0,8670 | 0,4115 | 0,1084 | 0,0037 | 0,1329 | 0,4154 | 0,7723 |

Der Graph hierzu scheint für $p = 0{,}4$ ein Minimum zu besitzen. Dies bedeutet, dass die Wahrscheinlichkeit für die Ablehnung der Hypothese für $p = 0{,}4$ am geringsten ist.

*S. 44* **18** n = 20; Ablehnungsbereich [0; 5] und [15; 20]
Zu bestimmen ist damit:
$g(p) = P(X \leqq 5) + P(X \geqq 15) = F_{20;p}(5) + 1 - F_{20;p}(15)$. Man erhält:

| p | 0,1 | 0,2 | 0,3 | 0,4 | 0,5 | 0,6 | 0,7 | 0,8 | 0,9 |
|---|---|---|---|---|---|---|---|---|---|
| g(p) | 0,9887 | 0,8042 | 0,4164 | 0,1272 | 0,0414 | 0,1272 | 0,4164 | 0,8042 | 0,9887 |

n = 50; Ablehnungsbereich [0; 17] und [33; 50]
Zu bestimmen ist damit:
$g(p) = P(X \leqq 17) + P(X \geqq 33) = F_{50;p}(17) + 1 - F_{50;p}(33)$. Man erhält:

| p | 0,1 | 0,2 | 0,3 | 0,4 | 0,5 | 0,6 | 0,7 | 0,8 | 0,9 |
|---|---|---|---|---|---|---|---|---|---|
| g(p) | 1,0 | 0,9937 | 0,7822 | 0,2371 | 0,0328 | 0,2371 | 0,7822 | 0,9937 | 1,0 |

n = 100; Ablehnungsbereich [0; 39] und [61; 100]
Zu bestimmen ist damit:
$g(p) = P(X \leqq 39) + P(X \geqq 61) = F_{100;p}(39) + 1 - F_{100;p}(61)$. Man erhält:

| p | 0,1 | 0,2 | 0,3 | 0,4 | 0,5 | 0,6 | 0,7 | 0,8 | 0,9 |
|---|---|---|---|---|---|---|---|---|---|
| g(p) | 1,0 | 1,0 | 0,9790 | 0,4321 | 0,0352 | 0,4621 | 0,9790 | 1,0 | 1,0 |

Graphen:

n = 20

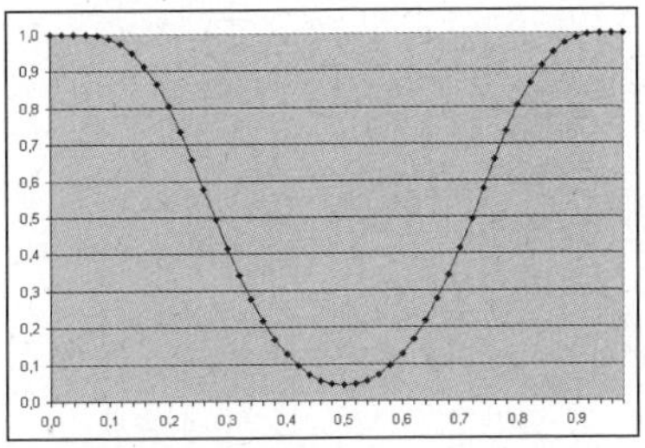


n = 50

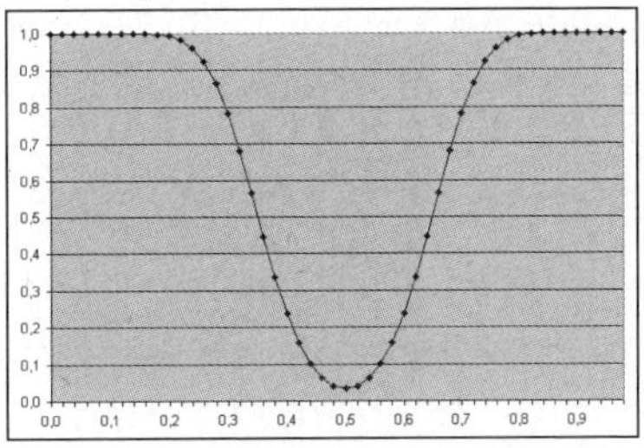


n = 100

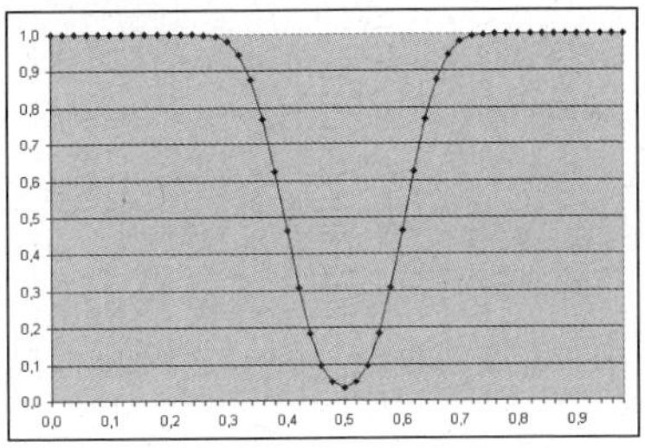


Alle drei Graphen sind symmetrisch zu Geraden p = 0,5. Je größer der Stichprobenumfang, desto steiler verlaufen die Gütefunktionen in der Umgebung von p = 0,5. Man sagt dazu auch, dass die **Trennschärfe** des Tests bei fester Irrtumswahrscheinlichkeit mit zunehmenden Werten von n steigt. Mit n steigt also die Qualität des Tests.

## 2 *Schätzen*

*S. 45* ***1*** Für $p_0 = 0{,}79$ erhält man den Annahmebereich [454,45; 493,55].
Für $p_0 = 0{,}85$ erhält man den Annahmebereich [492,85; 527,14].

*S. 47* ***2*** $n = 1000$; $h = \frac{370}{1000}$; $c = 2{,}58$; [0,332; 0,410]; Näherungslösung: [0,331; 0,409]

***3*** $n = 200$; $h = \frac{12}{200}$; $c = 1{,}96$; [0,035; 0,101]; Näherungslösung: [0,027; 0,093]

**4** a) [0,287 287 16; 0,418 366 642]; Intervalllänge: 0,131 079 483
Näherungslösung: [0,283 895 386; 0,416 104 614]; Intervalllänge: 0,132 209 228
b) [0,581 633 358; 0,712 712 841]; Intervalllänge: 0,131 079 483
Näherungslösung: [0,583 895 386; 0,716 104 614]; Intervalllänge: 0,132 209 228
c) [0,615 131 264; 0,849 193 719]; Intervalllänge: 0,234 062 454
Näherungslösung: [0,629 975 003; 0,870 024 997]; Intervalllänge: 0,240 049 995
d) [0,150 806 281; 0,384 868 736]; Intervalllänge: 0,240 049 995
Näherungslösung: [0,129 975 003; 0,370 024 997]; Intervalllänge: 0,240 049 995
e) Die Intervalllängen sind jeweils gleich. Dies liegt daran, dass die „Konfidenzellipse" „punktsymmetrisch" ist zu $h = 0{,}5$; $p = 0{,}5$. Man erhält für die Intervalllängen ($p = 0{,}5$; $c = 1{,}96$):

| | | | | |
|---|---|---|---|---|
| n = 10: | genau: | 0,526 820 813 | Näherung: | 0,619 806 421 |
| n = 100: | genau: | 0,192 340 343 | Näherung: | 0,196 |
| n = 1000: | genau: | 0,061 861 932 | Näherung: | 0,061 980 642 |
| n = 10 000: | genau: | 0,019 596 236 | Näherung: | 0,0196 |
| n = 100 000: | genau: | 0,006 197 945 | Näherung: | 0,006 198 064 |

Die Intervalllänge ist proportional zu $\frac{1}{\sqrt{n}}$. Dies erhält man ebenfalls aus der Näherungsformel für das Konfidenzintervall.

**5** Graphen für $n = 20$ (Fig. 1); $n = 100$ (Fig. 2); $n = 1000$ (Fig. 3).
Die Ellipsen werden immer „schmaler", wenn der Stichprobenumfang n größer wird.

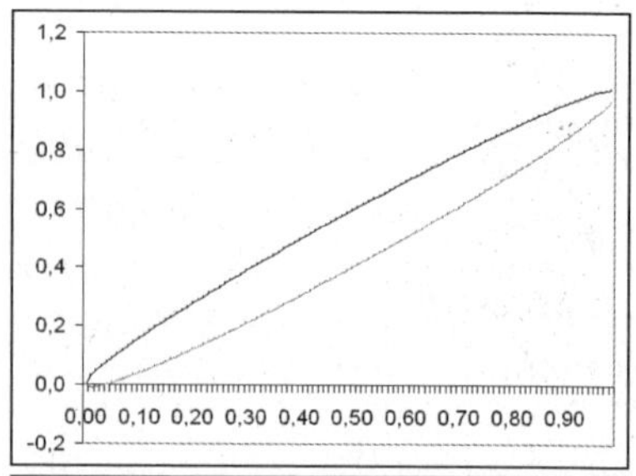

Fig. 2

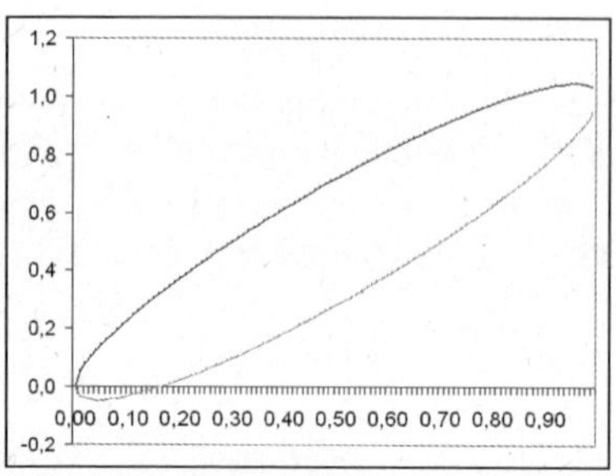

Fig. 1

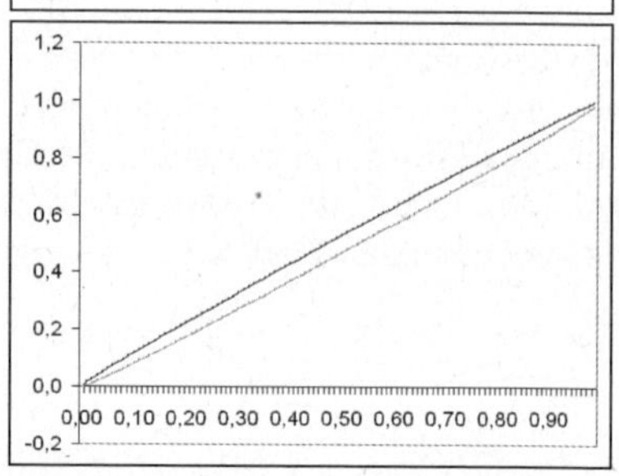

Fig. 3

S. 48 **6** $n \geqq \frac{1{,}96^2}{0{,}05^2} = 1536{,}64$. Man muss mindestens 1537 Patienten behandeln.

**7** a) $n = 20000$; $h = 0{,}45$; $c = 1{,}96$; $[0{,}4502; 0{,}4698]$;
Näherungslösung: $[0{,}4502; 0{,}4698]$
Nein, da 0,5 nicht in dem Intervall liegt.
b) Aus der Näherungslösung entnimmt man: $d = \frac{2c\sqrt{h(1-h)}}{\sqrt{n}}$. Hieraus folgt, dass der Stichprobenumfang vervierfacht werden muss.

**8** a) $n = 700$; $h = \frac{123}{700}$; $c = 1{,}96$; $[0{,}1494; 0{,}2055]$; Näherungslösung: $[0{,}1475; 0{,}2040]$
b) (s. Aufgabe 6) mind. 1537

**9** a) $n = 2000$; $h = \frac{80}{2000}$; $c = 1{,}96$; $[0{,}0323; 0{,}0495]$; Näherungslösung: $[0{,}0314; 0{,}0486]$
b) Nein, da 0,05 nicht im Intervall liegt.

**10** a) $n = 400$; $h = \frac{240}{400}$; $c = 1{,}96$; $[0{,}5514; 0{,}6467]$;
Näherungslösung: $[0{,}5520; 0{,}6480]$
b) Intervalllänge aus a) $l = 0{,}0953$ (0,096 Näherung). Die gewünschte Länge ist also 0,047 65 (0,048).
Aus $n \geqq \frac{c^2}{d^2}$ folgt $n \geqq 1691{,}9$ (1667,36). Der Stichprobenumfang muss also mindestens 1692 (1668) betragen.

**11** a) $n = 500$: $h(AZ \geqq 4) = \frac{143+8+58}{500} = \frac{209}{500}$; $c = 1{,}96$; $[0{,}3756; 0{,}4616]$;
Näherungslösung: $[0{,}3748; 0{,}4612]$
$n = 500$: $h(AZ \leqq 3) = \frac{50+6+235}{500} = \frac{291}{500}$; $c = 1{,}96$; $[0{,}5384; 0{,}6244]$;
Näherungslösung: $[0{,}5388; 0{,}6252]$
b) Beide Vertrauensintervalle haben die gleiche Länge. Dies liegt daran, dass die Summe der beiden relativen Häufigkeiten 1 ergibt (s. Aufgabe 4 e)).

**12** Aus $|p-h| \leqq 1{,}96\sqrt{\frac{p(1-p)}{n}}$ folgt $l \leqq 2 \cdot 1{,}96\sqrt{\frac{p(1-p)}{n}}$. Das Produkt $p(1-p)$ wird für $p = 0{,}5$ größten, deshalb folgt $p(1-p) \leqq \frac{1}{2}\left(1-\frac{1}{2}\right) = \frac{1}{4}$. Damit gilt:
$l \leqq 2 \cdot 1{,}96\sqrt{\frac{p(1-p)}{n}} \leqq 2 \cdot 1{,}96\sqrt{\frac{1}{4n}}$. Diese Länge soll höchstens gleich d sein.
Aus $l \leqq 2 \cdot 1{,}96\sqrt{\frac{1}{4n}} \leqq d$ folgt $n \leqq \frac{1{,}96^2}{d^2}$.

## 3 *Regel von* BAYES

S. 49 **1** Die Wahrscheinlichkeit hierfür beträgt 0,5.

S. 51 **2** Als totale Wahrscheinlichkeit dafür, dass ein defekter Schalter geliefert wird, ergibt sich $1 - 0{,}95 = 0{,}05$. Die Wahrscheinlichkeit, dass A einen defekten Schalter montiert, beträgt $0{,}4 \cdot 0{,}1 = 0{,}04$. Damit erhält man für die gesuchte Wahrscheinlichkeit $\frac{0{,}04}{0{,}05} = 0{,}8$.

**3** Die totale Wahrscheinlichkeit dafür, dass er pünktlich zu Hause ankommt, beträgt $\frac{3}{5}$. Die Wahrscheinlichkeit, bei Benutzung der Bahn pünktlich anzukommen, beträgt $0{,}8 \cdot \frac{2}{3} = \frac{8}{15}$. Damit erhält man für die gesuchte Wahrscheinlichkeit $\frac{8}{15} : \frac{3}{5} = \frac{8}{9}$.

S. 52 **4** Man erhält für die gesuchte Wahrscheinlichkeit $0{,}00005 \cdot \frac{0{,}8}{0{,}00001} = 0{,}4$.

**5** Wahrscheinlichkeit zum Indiz „Test nicht bestanden“:
Über „Abschluss erreicht“: $0{,}65 \cdot 0{,}02 = 0{,}013$
Über „Abschluss nicht erreicht“: $0{,}35 \cdot 0{,}85 = 0{,}2975$
Summe: 0,3105
A posteriori Wahrscheinlichkeit: „Abschluss nicht erreicht“: $0{,}2975 : 0{,}3105 = 0{,}9581$
Die Wahrscheinlichkeit, dass ein Schüler mit negativem Testergebnis das Schulziel nicht erreicht, beträgt etwa 95,8 %.

**6** a) Wahrscheinlichkeit zum Indiz „2 – 3 – 2“:
Würfel: $\frac{1}{2} \cdot \left(\frac{1}{6}\right)^3 = \frac{1}{432}$; Münze: $\frac{1}{2} \cdot \frac{1}{2} \cdot \frac{1}{4} \cdot \frac{1}{8} \cdot \frac{1}{4} = \frac{1}{256}$; Summe: $\frac{43}{6912}$
A posteriori Wahrscheinlichkeiten:
Würfel: $\frac{1}{432} : \frac{43}{6912} = 0{,}372$; Münze: $\frac{1}{256} : \frac{43}{6912} = 0{,}6279$
b) Wahrscheinlichkeit zum Indiz „3 – 4 – 6“:
Würfel: $\frac{1}{2} \cdot \left(\frac{1}{6}\right)^3 = \frac{1}{432} \approx 0{,}002315$; Münze: $\frac{1}{2} \cdot \frac{1}{8} \cdot \frac{1}{16} \cdot \frac{1}{64} = \frac{1}{16384} \approx 0{,}0000610$;
Summe: 0,002376
A posteriori Wahrscheinlichkeiten:
Würfel: $\frac{1}{432} : 0{,}002376 \approx 0{,}974$; Münze: $\frac{1}{16384} : 0{,}002376 = 0{,}0256$
c) Wahrscheinlichkeit zum Indiz „6 – 6 – 6“:
Würfel: $\frac{1}{2} \cdot \left(\frac{1}{6}\right)^3 = \frac{1}{432} \approx 0{,}002315$; Münze: $\frac{1}{2} \cdot \frac{1}{64} \cdot \frac{1}{64} \cdot \frac{1}{64} = \frac{1}{524288} \approx 0{,}0000019$;
Summe: 0,002317
A posteriori Wahrscheinlichkeiten:
Würfel: $\frac{0{,}002315}{0{,}002317} \approx 0{,}9991$; Münze: $\frac{0{,}0000019}{0{,}002317} \approx 0{,}00082$

*S. 52* ***7*** Wahrscheinlichkeit zum Indiz „Diagnose positiv“:
Über „Säugling hat die Krankheit“: $0{,}000\,09 \cdot 0{,}9999 = 8{,}9991 \cdot 10^{-5}$
Über „Säugling hat die Krankheit nicht“: $0{,}999\,991 \cdot 0{,}001 = 9{,}9991 \cdot 10^{-4}$
Summe: $1{,}089\,901 \cdot 10^{-3}$
Die Wahrscheinlichkeit, dass ein als krank diagnostizierter Säugling diese Stoffwechselkrankheit hat, beträgt somit $8{,}9991 \cdot 10^{-5} : 1{,}089\,901 \cdot 10^{-3} = 0{,}0825 \approx 8{,}3\,\%$.

***8*** Wahrscheinlichkeit zum Indiz goldenes Schmuckstück“:
Schrank 1: $\frac{1}{2} \cdot 1 = \frac{1}{2}$; Schrank 2: $\frac{1}{2} \cdot \frac{1}{2} = \frac{1}{4}$; Schrank 3: $\frac{1}{2} \cdot 0 = 0$; Summe: $\frac{3}{4}$
A posteriori Wahrscheinlichkeiten:
Schrank 1: $\frac{1}{2} : \frac{3}{4} = \frac{2}{3}$; Schrank 2: $\frac{1}{4} : \frac{3}{4} = \frac{1}{3}$; Schrank 3: $0 : \frac{3}{4} = 0$

***9*** a) Wahrscheinlichkeit zum Indiz „Diagnose positiv“:
Über „Person hat die Krankheit“: $0{,}98 \cdot p$
Über „Person hat die Krankheit nicht“: $0{,}05 \cdot (1 - p)$
Summe: $0{,}98 \cdot p + 0{,}05 p \cdot (1 - p) = 0{,}93 \cdot p + 0{,}05$
Eine als krank diagnostizierte Person hat mit einer Wahrscheinlichkeit von
$\frac{0{,}98 \cdot p}{0{,}93 \cdot p + 0{,}05} = \frac{98 \cdot p}{93 \cdot p + 5}$ diese Krankheit.

b) Für $p = 0{,}005$ beträgt die Wahrscheinlichkeit 0,0897.
Für $p = 0{,}01$ beträgt die Wahrscheinlichkeit 0,1653.
Für $p = 0{,}05$ beträgt die Wahrscheinlichkeit 0,5078.
Für $p = 0{,}1$ beträgt die Wahrscheinlichkeit 0,6835.

***10*** a)

| Zug | Indiz | Beutel A | Beutel B | Beutel C |
|---|---|---|---|---|
| 1 | weiß | 32,6 % | 32,6 % | 34,8 % |
| 2 | weiß | 31,9 % | 31,9 % | 36,3 % |
| 3 | rot | 31,7 % | 10,6 % | 57,7 % |
| 4 | schwarz | 60,0 % | 40,0 % | 0 % |
| 5 | rot | 81,8 % | 18,2 % | 0 % |

Umgekehrte Reihenfolge:

| Zug | Indiz | Beutel A | Beutel B | Beutel C |
|---|---|---|---|---|
| 1 | rot | 34,1 % | 11,4 % | 54,5 % |
| 2 | schwarz | 60,0 % | 40,0 % | 0 % |
| 3 | rot | 81,8 % | 18,2 % | 0 % |
| 4 | weiß | 81,8 % | 18,2 % | 0 % |
| 5 | weiß | 81,8 % | 18,2 % | 0 % |

S. 52 ***10*** b)

| Zug | Indiz | Beutel A | Beutel B | Beutel C |
|---|---|---|---|---|
| 1 | weiß | 32,6 % | 32,6 % | 34,8 % |
| 2 | weiß | 34,8 % | 34,8 % | 30,4 % |
| 3 | rot | 30,0 % | 10,0 % | 60,0 % |
| 4 | schwarz | 33,3 % | 66,7 % | 0 % |
| 5 | rot | 100 % | 0 % | 0 % |

Umgekehrte Reihenfolge:

| Zug | Indiz | Beutel A | Beutel B | Beutel C |
|---|---|---|---|---|
| 1 | rot | 34,1 % | 11,4 % | 54,5 % |
| 2 | schwarz | 33,3 % | 66,7 % | 0 % |
| 3 | rot | 100 % | 0 % | 0 % |
| 4 | weiß | 100 % | 0 % | 0 % |
| 5 | weiß | 100 % | 0 % | 0 % |

***11*** individuelle Lösungen

***12*** individuelle Lösungen

***13*** a)

| | keine rote | eine rote | zwei rote |
|---|---|---|---|
| mit Zurücklegen | $\frac{4}{9}$ | $\frac{4}{9}$ | $\frac{1}{9}$ |
| ohne Zurücklegen | $\frac{2}{5}$ | $\frac{8}{15}$ | $\frac{1}{15}$ |

b) Einstellungen der „BAYES-Matrix“ wie folgt:

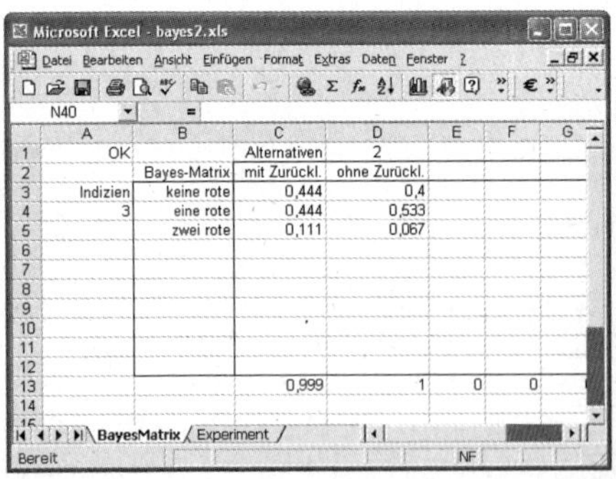


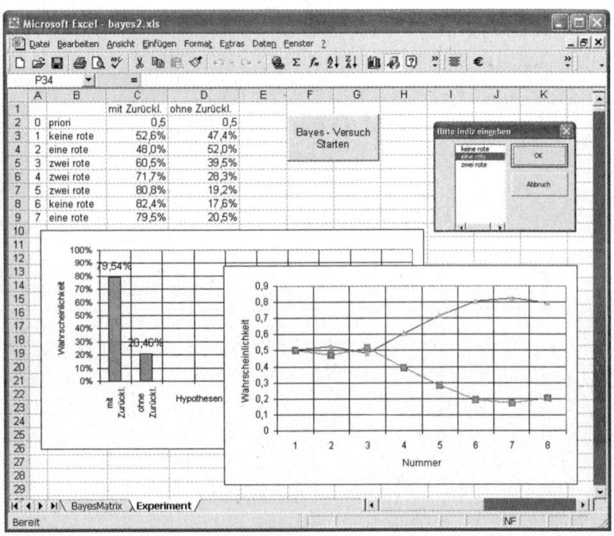

# 4 Einseitiges Testen

S. 54 **1** Wenn R die Anzahl der gezogenen roten Kugeln ist, dann gilt:
im Fall 1 „doppelt so viel rote wie blaue“: R ist $B_{20;\frac{2}{3}}$-verteilt.
im Fall 2 „doppelt so viel blaue wie rote“: R ist $B_{20;\frac{1}{3}}$-verteilt.
Wird z. B. 12-mal eine rote Kugel gezogen, gilt für den ersten Fall $P(R \geqq 12) = 0{,}8095$ und für den zweiten Fall $P(R \leqq 12) = 0{,}0130$. Man wird sich also für den ersten Fall entscheiden, weil im Fall 2 das Ziehen einer großen Anzahl von weißen Kugeln unwahrscheinlich ist.

S. 56 **2** Stichprobenumfang: $n = 150$; Signifikanzniveau: 5 %
Die Hypothesen lauten: $H_0$: $p \leqq 0{,}02$; $H_1$: $p > 0{,}02$
Annahmebereich $[0;\ \mu + c \cdot \sigma] = [0;\ 8{,}8]$
Das Stichprobenergebnis 5 liegt im Annahmebereich, man geht also auf einem Signifikanzniveau von 5 % weiter davon aus, dass höchstens 2 % aller Tüten weniger als 1 kg Mehl enthalten.

**3** Stichprobenumfang: $n = 100$; Signifikanzniveau: 5 %
Die Hypothesen lauten: $H_0$: $p \geqq 0{,}6$; $H_1$: $p < 0{,}6$
Annahmebereich $[\mu - c \cdot \sigma;\ 0] = [51{,}9656;\ 100]$
Das Stichprobenergebnis 50 liegt nicht im Annahmebereich. $H_0$ wird deshalb verworfen. Auf einem Signifikanzniveau von 5 % kann man davon ausgehen, dass die Heilungsquote zu hoch angegeben ist.

**4** Stichprobenumfang: $n = 50$; Signifikanzniveau: 5 %
Die Hypothesen lauten: $H_0$: $p = 0{,}3$; $H_1$: $p > 0{,}3$
Annahmebereich $[0;\ \mu + c \cdot \sigma] = [0;\ 20{,}3142]$
Das Stichprobenergebnis 21 liegt nicht im Annahmebereich. $H_0$ wird deshalb verworfen. Auf einem Signifikanzniveau von 5 % kann man davon ausgehen, dass sich der Marktanteil von WAM erhöht hat.

**5** Stichprobenumfang: $n = 100$; Signifikanzniveau: 5 %
Die Hypothesen lauten: $H_0$: $p = 0{,}1$; $H_1$: $p > \frac{1}{6}$
a) Annahmebereich $[0;\ \mu + c \cdot \sigma] = [0;\ 14{,}92]$
Das Stichprobenergebnis 15 liegt nicht im Annahmebereich. $H_0$ wird deshalb verworfen.
b) Aus dem Signifikanzniveau 1 % folgt $c = 2{,}33$. Damit ergibt sich:
$\mu + c \cdot \sigma = 10 + 2{,}33 \cdot 3 = 16{,}99$. Also $k = 16$.

**6** a) Die Hypothesen lauten: $H_0$: $p > 0{,}7$; $H_1$: $p < 0{,}7$
Stichprobenumfang: $n = 100$; Stichprobenumfang: 5 %
Annahmebereich $[\mu - c \cdot \sigma;\ n] = [62{,}48;\ 100]$
Da 60 nicht im Annahmebereich liegt, wird die Hypothese $H_0$ verworfen. Man nimmt also an, dass weniger als 70 % für die Beibehaltung der Sommerzeit sind.
b) Fehler 1. Art: $H_0$ wird abgelehnt, obwohl mindestens 70 % für die Beibehaltung der Sommerzeit sind.

*S. 56* **Randspalte:**
controlled: eine Woche lang wird ein Placebo verabreicht
double-blind: weder der Patient noch der behandelnde Arzt kennen die Reihenfolge
randomized: die Reihenfolge der Einnahme DORMA/Placebo wird zufällig bestimmt

*7* Stichprobenumfang: $n = 20$; Signfikanzniveau: 1 %
Die Hypothesen lauten: $H_0$: $p = 0,5$; $H_1$: $p > 0,5$
Annahmebereich $[0;\ \mu + c \cdot \sigma] = [0;\ 15,21]$
Da 15 im Annahmebereich liegt, wird die Hypothese $H_0$ angenommen, d. h,, man kann nicht auf eine Wirksamkeit von DORMA schließen.

## 5 *Fehler beim Testen – eine Vertiefung*

*S. 57* ***1*** a) Frau Neumann akzeptiert die Hypothese $H_0$ (verwirft $H_0$ nicht), aber in Wirklichkeit ist $H_0$ falsch. Man sagt: Sie begeht einen Fehler 1. Art.
b) Frau Neumann verwirft die Hypothese $H_0$ (lehnt $H_0$ ab), aber in Wirklichkeit ist $H_0$ richtig. Man sagt: Sie begeht einen Fehler 2. Art.

*S. 58* ***2*** a) Annahmebereich [0; 16,6]
Wahrscheinlichkeit für einen Fehler 1. Art: $1 - F_{25;0,5}(16) = 0,0539$
b) Wahrscheinlichkeit für einen Fehler 2. Art: $F_{25;0,6}(16) = 0,7265$
$(F_{25;0,75}(16) = 0,1494;\ F_{25;0,9}(16) = 0,0005)$
c) Signifikanzniveau 10 %: Annahmebereich [0; 15,7]
Wahrscheinlichkeit für einen Fehler 1. Art: $1 - F_{25;0,5}(15) = 0,1148$
Wahrscheinlichkeit für einen Fehler 2. Art: $F_{25;0,6}(15) = 0,5754$
$(F_{25;0,75}(15) = 0,0713;\ F_{25;0,9}(15) = 0,0001)$
Signifikanzniveau 1 %: Annahmebereich [0; 18,3]
Wahrscheinlichkeit für einen Fehler 1. Art: $1 - F_{25;0,5}(18) = 0,0073$
Wahrscheinlichkeit für einen Fehler 2. Art: $F_{25;0,6}(18) = 0,9264$
$(F_{25;0,75}(18) = 0,4389;\ F_{25;0,9}(18) = 0,0095)$
d) Signifikanzniveau 5 %, Stichprobenumfang $n = 100$: Annahmebereich [0; 58,2]
Wahrscheinlichkeit für einen Fehler 1. Art: $1 - F_{100;0,5}(58) = 0,0443$
Wahrscheinlichkeit für einen Fehler 2. Art: $F_{100;0,6}(58) = 0,3775$
$(F_{100;0,75}(58) = 0,0001;\ F_{100;0,9}(58) = 0,0000)$

***3*** a) Annahmebereich [7,7; 16,3]
Wahrscheinlichkeit für einen Fehler 1. Art: $1 - (F_{20;0,6}(16) - F_{20;0,6}(7)) = 0,0370$
b) Wahrscheinlichkeit für einen Fehler 2. Art: $F_{20;0,4}(16) - F_{20;0,4}(7) = 0,5841$
$(F_{20;0,8}(16) - F_{20;0,8}(7) = 0,5885;\ F_{20;0,2}(16) - F_{20;0,2}(7) = 0,0321)$
c) Signifikanzniveau 1 %: Annahmebereich [6,3; 17,7]
Wahrscheinlichkeit für einen Fehler 1. Art: $1 - (F_{20;0,6}(17) - F_{20;0,6}(6)) = 0,0101$
Wahrscheinlichkeit für einen Fehler 2. Art: $F_{20;0,4}(17) - F_{20;0,4}(6) = 0,7500$
$(F_{20;0,8}(17) - F_{20;0,8}(6) = 0,7939;\ F_{20;0,2}(17) - F_{20;0,2}(6) = 0,0867)$

*S. 58* **3** d) Signifikanzniveau 5 %, Stichprobenumfang n = 100: Annahmebereich [50,4; 69,6]
Wahrscheinlichkeit für einen Fehler 1. Art: $1 - (F_{100;0,6}(69) - F_{100;0,6}(50)) = 0,0519$
Wahrscheinlichkeit für einen Fehler 2. Art: $F_{100;0,4}(69) - F_{100;0,4}(50) = 0,0168$
$(F_{100;0,8}(69) - F_{100;0,8}(50) = 0,0061;\ F_{100;0,2}(69) - F_{100;0,2}(50) = 0,0000)$

**4** a) Siehe unten Fig. 1 (Fig. 2; Fig. 3)
Annahmebereich [24,3; 50]
Wahrscheinlichkeit für einen Fehler 1. Art: $F_{50;0,6}(24) = 0,0573$
Wahrscheinlichkeit für einen Fehler 2. Art: $1 - F_{50;0,5}(24) = 0,5561$
$(1 - F_{50;0,4}(24) = 0,0978;\ 1 - F_{50;0,25}(24) = 0,0001)$
b) Etwas verkleinerter Annahmebereich [25,6; 50], damit größere Wahrscheinlichkeit für einen Fehler 1. Art: $F_{50;0,6}(25) = 0,0978$ und etwas kleinere Wahrscheinlichkeit für einen Fehler 2. Art: $1 - F_{50;0,5}(25) = 0,4439$; $(1 - F_{50;0,4}(25) = 0,0573;$ $1 - F_{50;0,25}(25) = 0,0000)$
c) Signifikanzniveau 5 %, Stichprobenumfang n = 100: siehe unten Fig. 4
(bei den entsprechenden Figuren zu p = 0,4 bzw. p = 0,25 verschieben sich die Bereiche wie bei Fig. 2 und Fig. 3).
Annahmebereich [51,97; 100]
Wahrscheinlichkeit für einen Fehler 1. Art: $F_{100;0,6}(51) = 0,0423$
Wahrscheinlichkeit für einen Fehler 2. Art: $1 - F_{100;0,5}(51) = 0,3822$
$(1 - F_{100;0,4}(51) = 0,0100;\ 1 - F_{100;0,25}(51) = 0,0000)$
Wesentlicher Unterschied zwischen n = 50 und n = 100: Die Fehler 2. Art werden bei (nahezu) gleichem Fehler 1. Art deutlich kleiner.

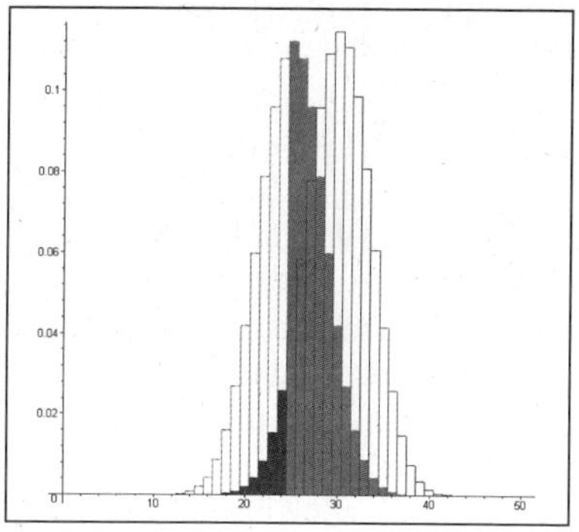
Fig. 1

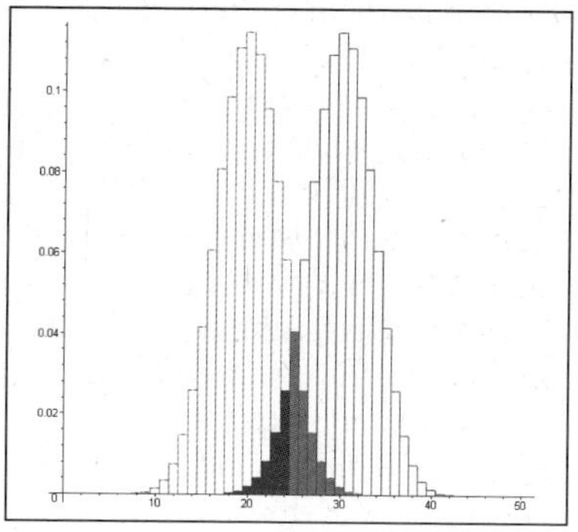
Fig. 2

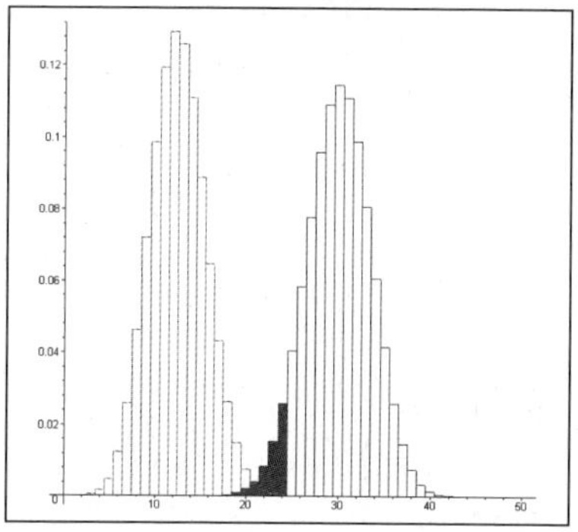
Fig. 3

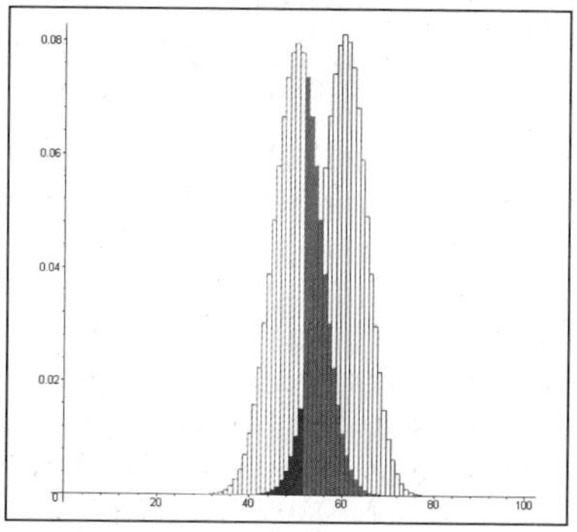
Fig. 4

*S. 59* **5** a) n = 50: A = [3,2; 13,5]; die Hypothese $H_0$ kann nicht verworfen werden.
Wahrscheinlichkeit für einen Fehler 1. Art: $1 - (F_{50;\frac{1}{6}}(13) - F_{50;\frac{1}{6}}(3)) = 0{,}0545$

n = 500: A = [67; 99,67]; die Hypothese $H_0$ wird verworfen.
Wahrscheinlichkeit für einen Fehler 1. Art: $1 - (F_{500;\frac{1}{6}}(99) - F_{500;\frac{1}{6}}(66)) = 0{,}0477$
b) n = 50: A = [5; 12]
Wahrscheinlichkeit für einen Fehler 1. Art: $1 - (F_{50;\frac{1}{6}}(12) - F_{50;\frac{1}{6}}(4)) = 0{,}1270$
n = 500: A = [50; 120]
Wahrscheinlichkeit für einen Fehler 1. Art: $1 - (F_{500;\frac{1}{6}}(120) - F_{500;\frac{1}{6}}(49)) = 0{,}0000185$

c) Teil a) Wahrscheinlichkeit für einen Fehler 2. Art: $F_{50;\frac{1}{4}}(13) - F_{50;\frac{1}{4}}(3) = 0{,}6365$
$(F_{500;\frac{1}{4}}(99) - F_{500;\frac{1}{4}}(66) = 0{,}0036)$

Teil b) Wahrscheinlichkeit für einen Fehler 2. Art: $F_{50;\frac{1}{4}}(12) - F_{50;\frac{1}{4}}(4) = 0{,}5110$
$(F_{500;\frac{1}{4}}(120) - F_{500;\frac{1}{4}}(49) = 0{,}3235)$

**6** a) $H_0$: $p \leqq 0{,}03$; $H_1$: $p > 0{,}03$. Es wird rechtsseitig getestet.
b) A = [0; 5,80]. Wahrscheinlichkeit für einen Fehler 1. Art: $1 - F_{100;0,03}(5) = 0{,}0808$
Wahrscheinlichkeit für einen Fehler 2. Art: $F_{100;0,04}(5) = 0{,}7884$
$(F_{100;0,05}(5) = 0{,}6160$; $F_{100;0,06}(5) = 0{,}4407)$
c) A = [0; 6]. Wahrscheinlichkeit für einen Fehler 1. Art: $1 - F_{100;0,03}(6) = 0{,}0312$
Wahrscheinlichkeit für einen Fehler 2. Art: $F_{100;0,04}(6) = 0{,}8936$
$(F_{100;0,05}(6) = 0{,}7660$; $F_{100;0,06}(6) = 0{,}6064)$

**7** $H_0$: p = 0,3; $H_1$: p = 0,7; n = 10; A = [0; 4].
Es wird angenommen, dass eine $B_{n;p}$-Verteilung vorliegt.
a) Fehler 1. Art: $H_0$ ist wahr, aber $H_1$ wird angenommen. Fehler 2. Art: $H_1$ ist wahr, aber $H_0$ wird angenommen.
Wahrscheinlichkeit für einen Fehler 1. Art: $1 - F_{10;0,3}(4) = 0{,}1503$
Wahrscheinlichkeit für einen Fehler 2. Art: $F_{10;0,7}(4) = 0{,}0473$
b) Bei A = [0; 5] ist die Wahrscheinlichkeit für einen Fehler 1. Art:
$1 - F_{10;0,3}(5) = 0{,}0473$. In diesem Fall ergibt sich der kleinste Annahmebereich mit weniger als 10 % Wahrscheinlichkeit für den Fehler 1. Art. Die kleinstmögliche Wahrscheinlichkeit für einen Fehler 2. Art ist unter dieser Bedingung daher:
$F_{10;0,7}(5) = 0{,}1503$. Entscheidungsregel ist also: $H_0$ ist anzunehmen, wenn höchstens 5 Perlen der Größe 1 in der Stichprobe gefunden werden.
c) Bei n = 10 ist die Aufgabe nach Teil b) nicht lösbar. Bei n = 11 ergibt sich für A = [0; 5]: Wahrscheinlichkeit für einen Fehler 1. Art: $1 - F_{11;0,3}(5) = 0{,}0782$;
Wahrscheinlichkeit für einen Fehler 2. Art: $F_{11;0,7}(5) = 0{,}0782$.
Also reicht ein Stichprobenumfang von n = 11 aus. Entscheidungsregel ist dann:
$H_0$ ist anzunehmen, wenn höchstens 5 Perlen der Größe 1 in der Stichprobe gefunden werden.

**8** a) $H_0$: p = 0,5; $H_1$: p > 0,5 b) Rechtsseitiger Test mit A = [0; 13,7]
c) $H_0$ wird beibehalten, dem Lord wird nicht die behauptete Fähigkeit zuerkannt.
d) Bei dieser Entscheidung kann es sein, dass ein Fehler 2. Art begangen wird: $H_0$ ist falsch, wird aber beibehalten.
e) Wahrscheinlichkeit für einen Fehler 2. Art: $F_{20;0,6}(13) = 0{,}7500$
$(F_{20;0,7}(13) = 0{,}3920$; $F_{20;0,8}(13) = 0{,}0867$; $F_{20;0,9}(13) = 0{,}0024)$

*S. 59* ***9*** a) Rechtsseitiger Test mit $A = [0; 6{,}3]$. Also wird $H_0$ verworfen.
Wahrscheinlichkeit für einen Fehler 2. Art: $F_{20;0,4}(6) = 0{,}2500$.
b) Beim Annahmebereich $A = [0; 14]$ ist der Unterschied der Wahrscheinlichkeiten für beide Fehlentscheidungen am kleinsten:

| g | 13 | 14 | 15 | 16 |
|---|---|---|---|---|
| P(Fehler 1. Art) | 0,1106 | 0,0607 | 0,0308 | 0,0144 |
| P(Fehler 2. Art) | 0,0280 | 0,0540 | 0,0955 | 0,1561 |

c) Nach b) kann man vermuten, dass die Grenze g des gesuchten Annahmebereichs etwa in der Mitte zwischen den Erwartungswerten 20 bzw. 40 liegt, also etwa bei 30. Man erhält als Annahmebereich mit dem kleinsten Unterschied der Wahrscheinlichkeiten für beide Fehlentscheidungen $A = [0; 29]$.

| g | 28 | 29 | 30 |
|---|---|---|---|
| P(Fehler 1. Art) | 0,0200 | 0,0112 | 0,0061 |
| P(Fehler 2. Art) | 0,0084 | 0,0148 | 0,0248 |

## 6 *Vermischte Aufgaben*

*S. 60* ***1*** a) [19,20; 30,80]. Da 20 im Annahmebereich liegt, wird man die Hypothese beibehalten.
b) [223,95; 276,05]
c) Für a): $P(18 \leqq X \leqq 31) = F_{50;0,4}(31) - F_{50;0,4}(18) = 0{,}9995 - 0{,}3356 = 0{,}6639$
Für b): $P(222 \leqq X \leqq 277) = F_{500;0,4}(277) - F_{500;0,4}(222) = 1 - 0{,}9796 = 0{,}0204$
Nicht mit der Tabelle im Schülerbuch zu bestimmen (Tabellen nur für $n \leqq 100$).
Möglichkeit mit EXCEL: BINOMVERT(277;500;0,4;1) – BINOMVERT(222;500;0,4;1)

***2*** a) Für den Annahmebereich erhält man [62,94; 87,06]. Da 64 im Annahmebereich liegt, behält man die Hypothese, dass der Würfel ideal ist, bei.
b) Fehler 2. Art für $p = 1 - 0{,}4 = 0{,}6$:
$P(62 \leqq X \leqq 88) = F_{150;0,4}(88) - F_{150;0,4}(62) = 0{,}9999 - 0{,}6631 = 0{,}3368 \approx 33{,}7\,\%$

***3*** a) Für den Annahmebereich erhält man [15,66; 34,34]. Da 14 nicht im Annahmebereich liegt wird man die Hypothese, dass die Wahrscheinlichkeit für das Auftreten der Ziffer Fünf 0,1 ist, verwerfen.
b) Zu bestimmen ist: $P(X \leqq 11) + P(X \geqq 28) \approx F_{200;0,1}(11) + 1 - F_{200;0,1}(28)$
$\approx 0{,}0168 + 1 - 0{,}9730 = 0{,}438$. Das zu Grunde liegende Signifikanzniveau ist ca. 5 %.

***4*** a) X: Anzahl der Kugeln auf „rote Zahlen" bei 2000 Spielen. X ist $B_{2000;\frac{18}{37}}$-verteilt.
b) Für den Annahmebereich erhält man [929,16; 1016,78].
c) Da 959 im Annahmebereich liegt, ist der Verdacht zurückzuweisen.

***5*** Für den Annahmebereich der grünkörnigen Erbsen erhält man [1905,68; 2105,81].
Da 2001 im Annahmebereich liegt, kann man Hypothese beibehalten.

S. 60 **6** $n = 165$; $h = \frac{28}{165}$; $[0{,}1207; 0{,}2338]$; Näherungslösung: $[0{,}1124; 0{,}2270]$

S. 61 **7** $n = 857$; $h = \frac{72}{857}$; $[0{,}0673; 0{,}1044]$; Näherungslösung: $[0{,}0654; 0{,}1026]$

**8** $n = 929$; $h = \frac{49}{929}$; $[0{,}0402; 0{,}0690]$; Näherungslösung: $[0{,}0384; 0{,}0671]$

b) Die Intervalllänge muss dann $d = 0{,}02$ betragen; aus $n \geqq \frac{c^2}{d^2}$ erhält man $n \geqq 0{,}9604$.

**9** a) Mit $d = 0{,}01$ folgt aus $n \geqq \frac{c^2}{d^2}$: $n \geqq 38\,416$.

b) Für die Intervalllänge gilt (vgl. LE 2, Aufgabe 12) $1 \leqq 2 \cdot 1{,}96\sqrt{\frac{p(1-p)}{n}}$.

Der Term $p \cdot (1 - p)$ lässt sich auf dem Intervall $[0{,}3; 0{,}4]$ durch $0{,}4 \cdot (1 - 0{,}4) = 0{,}24$ nach oben abschätzen. Damit folgt: $2 \cdot 1{,}96\sqrt{\frac{0{,}24}{n}} \leqq 0{,}01$. Hieraus ergibt sich $n \geqq 36\,880$.

**10** Bezeichnet man ein einwandfreies Gerät mit E, ein nicht einwandfreies Gerät mit $\overline{E}$ und mit V, dass es in den Verkauf gelangt, ergibt sich das nebenstehende Baumdiagramm. Als totale Wahrscheinlichkeit, dass ein Gerät in den Verkauf gelangt, erhält man $0{,}93 \cdot 0{,}9 + 0{,}07 \cdot 0{,}07 = 0{,}8419$. Damit ergibt sich für die gesuchte Wahrscheinkeit $\frac{0{,}93 \cdot 0{,}9}{0{,}8419} \approx 0{,}994 = 99{,}4\,\%$.

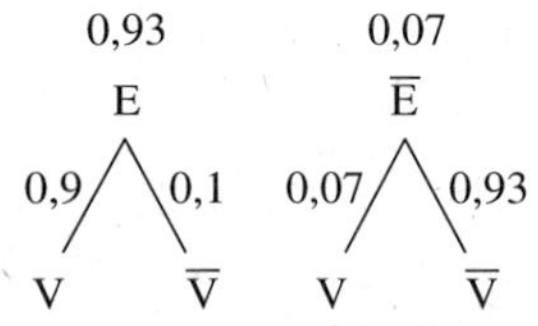


**11** Es sind generell 5 verschiedene Zusammensetzungen vor dem Ziehen möglich: 4w0s; 3w1s; 2w2s; 1w3s; 0w4s.

a) Ziehen **mit** Zurücklegen:
Wahrscheinlichkeit zum Indiz „ww“:
4w0s: $1 \cdot 1 = 1$
3w1s: $\frac{3}{4} \cdot \frac{3}{4} = \frac{9}{16}$
2w2s: $\frac{1}{2} \cdot \frac{1}{2} = \frac{1}{4}$
1w3s: $\frac{1}{4} \cdot \frac{1}{4} = \frac{1}{16}$
0w4s: $0 \cdot 0 = 0$
Summe: $\frac{15}{8}$
A posteriori Wahrscheinlichkeiten:
4w0s: $1 : \frac{15}{8} = \frac{8}{15}$
3w1s: $\frac{9}{16} : \frac{15}{8} = \frac{3}{10}$
2w2s: $\frac{1}{4} : \frac{15}{8} = \frac{2}{15}$
1w3s: $\frac{1}{16} : \frac{15}{8} = \frac{1}{30}$
0w4s: 0

b) Ziehen **ohne** Zurücklegen:
Wahrscheinlichkeit zum Indiz „ww“:
4w0s: $1 \cdot 1 = 1$
3w1s: $\frac{3}{4} \cdot \frac{2}{3} = \frac{1}{2}$
2w2s: $\frac{1}{2} \cdot \frac{1}{3} = \frac{1}{6}$
1w3s: $\frac{1}{4} \cdot 0 = 0$
0w4s: $0 \cdot 0 = 0$
Summe: $\frac{5}{3}$
A posteriori Wahrscheinlichkeiten:
4w0s: $1 : \frac{5}{3} = \frac{3}{5}$
3w1s: $\frac{1}{2} : \frac{5}{3} = \frac{3}{10}$
2w2s: $\frac{1}{6} : \frac{5}{3} = \frac{1}{10}$
1w3s: 0
0w4s: 0

*S. 61* **12** a) Wahrscheinlichkeit zum Indiz „rrr": $K_1$: $\frac{1}{2}\cdot\frac{5}{9}\cdot\frac{4}{8}\cdot\frac{3}{7}=\frac{5}{84}$; $K_2$: $\frac{1}{2}\cdot\frac{7}{13}\cdot\frac{6}{12}\cdot\frac{5}{11}=\frac{35}{572}$

Die Wahrscheinlichkeit, dass alle Kugeln rot sind, beträgt $\frac{5}{84}+\frac{35}{572}\approx 0{,}1207$.

b) Wahrscheinlichkeit für Kasten $K_1$: $\frac{5}{84}:0{,}1207\approx 0{,}4932\approx 49{,}3\,\%$

Wahrscheinlichkeit für Kasten $K_2$: $\approx 50{,}7\,\%$.

**13** Wahrscheinlichkeit zum Indiz „Alarm ist ausgelöst":
Über „Einbruch": $0{,}001\cdot 0{,}99 = 0{,}000\,99$
Über „kein Einbruch": $0{,}999\cdot 0{,}005 = 0{,}004\,995$
Summe: 0,005 985
A posteriori Wahrscheinlichkeiten:
Alternative „Einbruch": $0{,}000\,99\cdot 0{,}005\,985 = 0{,}1654\approx 16{,}5\,\%$
Die a posteriori Wahrscheinlichkeit für einen Einbruch liegt bei 16,5 %.

**14** a) Wahrscheinlichkeit zum Indiz „Diagnose positiv":
Über ‚krank": $0{,}001\cdot 0{,}95 = 0{,}000\,95$
Übeı „nicht krank": $0{,}999\cdot 0{,}01 = 0{,}009\,99$
Summe: 0,010 94
A posteriori Wahrscheinlichkeiten:
Alternative „krank": $0{,}000\,95:0{,}010\,94 = 0{,}0868\approx 8{,}7\,\%$
Die a posteriori Wahrscheinlichkeit für eine Erkrankung liegt bei 8,7 %.
b) Man fasst das Indiz „positiv – negativ" als zweistufiges Indiz auf.
Wahrscheinlichkeit zum Indiz „Diagnose negativ":
Über „krank": $0{,}001\cdot 0{,}0475 = 0{,}000\,047\,5$
Über „nicht krank": $0{,}999\cdot 0{,}0099 = 0{,}009\,890\,1$
Summe: 0,000 993 76
A posteriori Wahrscheinlichkeiten:
Alternative „nicht krank": $0{,}000\,047\,5:0{,}000\,999\,376 = 0{,}004\,75\approx 0{,}5\,\%$
Die a posteriori Wahrscheinlichkeit für eine Erkrankung liegt jetzt bei 0,5 %.

## *Mathematische Exkursionen*

*S. 63* **1** Individuelle Lösungen

**2** Der Testwert 16,38 ist größer als der kritische Wert 15,09. Man kann die Hypothese verwerfen, dass die Testergebnisse binomialverteilt sind. Rechenweg:

| Ergebnis | 0 | 1 | 2 | 3 | 4 | 5 | Summe |
|---|---|---|---|---|---|---|---|
| Wahrscheinlichkeit | 0,1317 | 0,3292 | 0,3292 | 0,1646 | 0,0412 | 0,0041 | 1,0000 |
| beobachtete Häufigkeit | 18 | 33 | 35 | 24 | 7 | 3 | 120 |
| erwartete Häufigkeit | 16 | 40 | 40 | 20 | 5 | 0 | 120 |
| Abweichung | 0,3056 | 1,0715 | 0,5140 | 0,9131 | 0,8608 | 12,7188 | **16,3838** |
| | | | | | | | **Testwert** |

*S. 63* **3** Es gilt

$$\frac{(X-n\cdot p_0)^2}{n p_0}+\frac{(Y-n\cdot q_0)^2}{n q_0}=\frac{(X-n\cdot p_0)^2}{n p_0}+\frac{(n-X-n q_0)^2}{n q_0}=\frac{(X-n\cdot p_0)^2}{n p_0}+\frac{(n(1-q_0)-X)^2}{n q_0}$$

$$=\frac{(X-n\cdot p_0)^2}{n p_0}+\frac{(X-n p_0)^2}{n q_0}=\frac{q_0(X-n p_0)^2+p_0(X-n p_0)^2}{n p_0 q_0}=\frac{(X-n\cdot p_0)^2}{n p_0}=\left(\frac{X-n\cdot p_0}{\sqrt{n\cdot p_0\cdot q_0}}\right)^2.$$

Somit ist die Ungleichung $\frac{X-n\cdot p_0}{\sqrt{n\cdot p_0\cdot q_0}}>1{,}96$ äquivalent zu

$$\frac{(X-n\cdot p_0)^2}{n p_0}+\frac{(Y-n\cdot q_0)^2}{n q_0}>1{,}96^2=3{,}84.$$

**4** Der Testwert 7,01 ist größer als der kritische Wert 5,99 (5 %-Niveau). Man kann die Hypothese auf dem 5 %- (nicht jedoch auf dem 1 %-) Signifikanzniveau verwerfen.
Rechenweg:

Beobachtete Tafel:

| | + | 0 | – | Summe |
|---|---|---|---|---|
| Jungen | 103 | 41 | 45 | 189 |
| Mädchen | 74 | 44 | 61 | 179 |
| Summe | 177 | 85 | 106 | 368 |

Erwartete Tafel:

| | + | 0 | – | Summe |
|---|---|---|---|---|
| Jungen | 90,90 | 43,65 | 54,44 | 189 |
| Mädchen | 86,10 | 41,35 | 51,56 | 179 |
| Summe | 177 | 85 | 106 | 368 |

Abweichungen:

| | + | 0 | – | |
|---|---|---|---|---|
| Jungen | 1,61 | 0,16 | 1,64 | Testwert |
| Mädchen | 1,70 | 0,17 | 1,73 | 7,01 |

**5** Der Testwert liegt weit unterhalb des kritischen Wertes 3,84. Man kann die Hypothese der Unabhängigkeit der Qualifikationen in den beiden Fächern nicht verwerfen.

Beobachtete Tafel:

| | + | – | Summe |
|---|---|---|---|
| + | 36 | 13 | 49 |
| – | 21 | 11 | 32 |
| Summe | 57 | 24 | 81 |

Im Falle der Unabhängigkeit erwartete Tafel:

| | + | – | Summe |
|---|---|---|---|
| + | 34,48 | 14,52 | 49 |
| – | 22,52 | 9,48 | 32 |
| Summe | 57 | 24 | 81 |

Abweichungen:

| | + | – | |
|---|---|---|---|
| + | 0,07 | 0,16 | Testwert |
| – | 0,10 | 0,24 | 0,57 |

**6** a) Es gilt $\int_0^z \frac{1}{2}e^{-\frac{1}{2}x}\,dx=1-e^{-\frac{1}{2}z}$. Wenn dieses Integral den Wert 0,95 annehmen soll, muss gelten $e^{-\frac{1}{2}z}=0{,}05$. Hieraus folgt $z=-2\ln(0{,}05)=5{,}99$.
(Analog: $z=-2\ln(0{,}01)=9{,}21$.)
b) Die in a) berechneten Werte stimmen überein mit den Angaben von Fig. 2 (S. 62).

# *III Der zentrale Grenzwertsatz*

## *1 Die Näherungsformel von DE MOIVRE-LAPLACE*

*S. 66* **1** $P(8 \leqq X_{20} \leqq 12) = P(X_{20} \leqq 12) - P(X_{20} \leqq 7) = F_{20;0,5}(12) - F_{20;0,5}(7)$
$= 0{,}8684 - 0{,}1316 = 0{,}7368$
$P(20 \leqq X_{50} \leqq 30) = P(X_{50} \leqq 30) - P(X_{50} \leqq 19) = F_{50;0,5}(30) - F_{50;0,5}(19)$
$= 0{,}9405 - 0{,}0595 = 0{,}8810$
$P(40 \leqq X_{100} \leqq 60) = P(X_{100} \leqq 60) - P(X_{100} \leqq 39) = F_{100;0,5}(60) - F_{100;0,5}(39)$
$= 0{,}9824 - 0{,}0176 = 0{,}9648$

*S. 68* **2** Hier ist die LAPLACE-Bedingung erfüllt.

a) $P(X \leqq 108) = P(0 \leqq X \leqq 108) \approx \Phi\left(\frac{108 - 112{,}5}{7{,}5}\right) - \Phi\left(\frac{0 - 112{,}5}{7{,}5}\right)$
$\approx \Phi(-0{,}6) - \Phi(-15) \approx 0{,}2743 - 0 = 0{,}2743$

b) $P(X > 110) = P(111 \leqq X \leqq 225) \approx \Phi\left(\frac{225 - 112{,}5}{7{,}5}\right) - \Phi\left(\frac{111 - 112{,}5}{7{,}5}\right)$
$\approx \Phi(15) - \Phi(-0{,}2) \approx 1 - 0{,}4207 = 0{,}5793$

c) $P(100 \leqq X \leqq 120) \approx \Phi\left(\frac{120 - 112{,}5}{7{,}5}\right) - \Phi\left(\frac{100 - 112{,}5}{7{,}5}\right)$
$\approx \Phi(1) - \Phi(-1{,}67) \approx 0{,}8413 - 0{,}0475 = 0{,}7938$

d) $P(102 < X < 118) = P(103 \leqq X \leqq 117) \approx \Phi\left(\frac{117 - 112{,}5}{7{,}5}\right) - \Phi\left(\frac{103 - 112{,}5}{7{,}5}\right)$
$\approx \Phi(0{,}6) - \Phi(-1{,}27) \approx 0{,}7257 - 0{,}1019 = 0{,}6238$

e) $P(X > 109) = P(110 \leqq X \leqq 225) \approx \Phi\left(\frac{225 - 112{,}5}{7{,}5}\right) - \Phi\left(\frac{110 - 112{,}5}{7{,}5}\right)$
$\approx \Phi(15) - \Phi(-0{,}33) \approx 1 - 0{,}3707 = 0{,}6293$

f) $P(X \geqq 112) = P(112 \leqq X \leqq 225) \approx \Phi\left(\frac{225 - 112{,}5}{7{,}5}\right) - \Phi\left(\frac{112 - 112{,}5}{7{,}5}\right)$
$\approx \Phi(15) - \Phi(-0{,}07) \approx 1 - 0{,}4720 = 0{,}5280$

g) $P(98 < X \leqq 110) = P(99 \leqq X \leqq 110) \approx \Phi\left(\frac{110 - 112{,}5}{7{,}5}\right) - \Phi\left(\frac{99 - 112{,}5}{7{,}5}\right)$
$\approx \Phi(-0{,}33) - \Phi(-1{,}80) \approx 0{,}3707 - 0{,}0359 = 0{,}3348$

h) $P(108 \leqq X < 115) = P(108 \leqq X \leqq 114) \approx \Phi\left(\frac{114 - 112{,}5}{7{,}5}\right) - \Phi\left(\frac{108 - 112{,}5}{7{,}5}\right)$
$\approx \Phi(0{,}2) - \Phi(-0{,}6) \approx 0{,}5793 - 0{,}2743 = 0{,}3050$

**3** Hier ist die LAPLACE-Bedingung nicht erfüllt, es gibt aber $n = 100 > \frac{1}{4 \cdot 0{,}08^2 \cdot 0{,}92^2}$.

a) $P(X < 12) = P(0 \leqq X \leqq 11) \approx \Phi\left(\frac{11{,}5 - 8}{2{,}713}\right) - \Phi\left(\frac{11{,}5 - 8}{2{,}713}\right)$
$\approx \Phi(1{,}29) - \Phi(-3{,}13) \approx 0{,}9015 - 0{,}0009 = 0{,}9006$

b) $P(X \geqq 5) = P(5 \leqq X \leqq 100) \approx \Phi\left(\frac{100{,}5 - 8}{2{,}713}\right) - \Phi\left(\frac{4{,}5 - 8}{2{,}713}\right)$
$\approx \Phi(34{,}1) - \Phi(-1{,}29) \approx 1 - 0{,}0985 = 0{,}9015$

c) $P(5 \leqq X \leqq 12) \approx \Phi\left(\frac{12{,}5 - 8}{2{,}713}\right) - \Phi\left(\frac{4{,}5 - 8}{2{,}713}\right)$
$\approx \Phi(1{,}66) - \Phi(-1{,}29) \approx 0{,}9515 - 0{,}0985 = 0{,}8530$

d) $P(6 < X \leqq 14) = P(7 \leqq X \leqq 14) \approx \Phi\left(\frac{14{,}5 - 8}{2{,}713}\right) - \Phi\left(\frac{6{,}5 - 8}{2{,}713}\right)$
$\approx \Phi(2{,}40) - \Phi(-0{,}55) \approx 0{,}9918 - 0{,}2912 = 0{,}7006$

*S. 68* ***4*** (LAPLACE-Bedingung erfüllt)

a) $P(X \leqq 700) = P(0 \leqq X \leqq 700) \approx \Phi\left(\frac{700-720}{16{,}97}\right) - \Phi\left(\frac{700-720}{16{,}97}\right)$

$\approx \Phi(1{,}18) - \Phi(-42) \approx 0{,}8810 - 0 = 0{,}8810$

b) $P(X > 730) = P(731 \leqq X \leqq 1200) \approx \Phi\left(\frac{1200-720}{16{,}97}\right) - \Phi\left(\frac{731-720}{16{,}97}\right)$

$\approx \Phi(28) - \Phi(-0{,}65) \approx 1 - 0{,}7422 = 0{,}2578$

c) $P(700 \leqq X \leqq 740) \approx \Phi\left(\frac{740-720}{16{,}97}\right) - \Phi\left(\frac{700-720}{16{,}97}\right)$

$\approx \Phi(1{,}18) - \Phi(-1{,}18) \approx 0{,}8810 - 0{,}1190 = 0{,}7620$

d) $P(697 < X < 734) = P(698 \leqq X \leqq 733) \approx \Phi\left(\frac{733-720}{16{,}97}\right) - \Phi\left(\frac{698-720}{16{,}97}\right)$

$\approx \Phi(0{,}77) - \Phi(-1{,}30) \approx 0{,}7794 - 0{,}0968 = 0{,}6826$

***5*** Die LAPLACE-Bedingung ist erfüllt. Mit $\mu = 570$ und $\sigma \approx 0{,}5339$ ergibt sich für die Anzahl X keimender Samen:

a) $P(X \leqq 565) = P(0 \leqq X \leqq 565) \approx \Phi\left(\frac{565-570}{5{,}339}\right) - \Phi\left(\frac{0-570}{5{,}339}\right)$

$\approx \Phi(-0{,}94) - \Phi(-107) \approx 0{,}1736 - 0 = 0{,}1736$

b) $P(X < 570) = P(0 \leqq X \leqq 569) \approx \Phi\left(\frac{569-570}{5{,}339}\right) - \Phi\left(\frac{0-570}{5{,}339}\right)$

$\approx \Phi(-0{,}19) - \Phi(-107) \approx 0{,}4247 - 0 = 0{,}4247$

c) $P(X \geqq 565) = P(565 \leqq X \leqq 600) \approx \Phi\left(\frac{600-570}{5{,}339}\right) - \Phi\left(\frac{565-570}{5{,}339}\right)$

$\approx \Phi(5{,}62) - \Phi(-0{,}94) \approx 1 - 0{,}1736 = 0{,}8264$

d) $P(565 \leqq X \leqq 575) \approx \Phi\left(\frac{575-570}{5{,}339}\right) - \Phi\left(\frac{565-570}{5{,}339}\right)$

$\approx \Phi(0{,}94) - \Phi(-0{,}94) \approx 0{,}8264 - 0{,}1736 = 0{,}6528$

*S. 69* ***6*** Die Anzahl brauchbarer Stanzteile sei X.

a) Mit $\mu = 405$ und $\sigma \approx 6{,}364$ ergibt sich $P(X \geqq 420) \approx 0{,}0139$.

b) Mit $\mu = 5400$ und $\sigma \approx 69{,}71$ ergibt sich $P(X \geqq 5420) \approx 0{,}6064$.

***7*** Hier ist die LAPLACE-Bedingung nicht erfüllt. Mit $\mu = 45$ und $\sigma \approx 2{,}121$ ergibt sich für die Anzahl X fehlerfreier Schrauben $P(X \geqq 45) \approx 0{,}5900$.

***8*** Die Anzahl der Jungengeburten sei X. Mit $\mu = 514$ und $\sigma \approx 15{,}81$ ergibt sich:

a) $P(X > 525) \approx 0{,}2236$

b) $P(X \geqq 500) \approx 0{,}8133$

c) $P(500 \leqq X \leqq 520) \approx 0{,}4613$

***9*** Mit $\mu = 32$ und $\sigma \approx 4{,}382$ ergibt sich für die Anzahl X der U-Würfe $P(X \geqq 41) \approx 0{,}0202$.

***10*** Schreibt man jedem Mitarbeiter die Fehlwahrscheinlichkeit $\frac{5}{60} = \frac{1}{12}$ zu, so ergibt sich für die Anzahl X fehlender Mitarbeiter $\mu = 5$ und $\sigma \approx 2{,}141$. Die Näherung aus dem Kasten liefert $P(X \geqq 15) \approx 1 - \Phi(4{,}44) \approx 0$. Das Risiko ist also verschwindend klein.

*S. 69* ***11*** Für die Anzahl X gefallener Wappen gilt $\mu = 75$ und $\sigma \approx 6{,}124$. Also beträgt die gesuchte Wahrscheinlichkeit $1 - P(65 \leqq X \leqq 85) \approx 0{,}8968$.

***12*** Schreibt man jedem der Briefe das Risiko 0,02 für Übergewicht zu, so ergibt sich für die Anzahl X übergewichtiger Briefe $\mu = 5$ und $\sigma \approx 2{,}214$ ($\mu = 10$ und $\sigma \approx 3{,}130$).
Bei 250 Briefen (LAPLACE-Bedingung nicht erfüllt) ergibt sich $P(X \geqq 3) \approx 0{,}8708$.
Bei 500 Briefen (LAPLACE-Bedingung erfüllt) ergibt sich $P(X \geqq 3) \approx 0{,}9875$.

***13*** Die Wahrscheinlichkeit einer Jungengeburt ist mit $\frac{18}{35}$ anzusetzen. Dann gilt für die Anzahl X der Jungengeburten bei 14000 Geburten $\mu = 7200$ und $\sigma \approx 59{,}14$. Also ergibt sich $P(7037 \leqq X \leqq 7363) \approx 0{,}9942$.

***14*** Es gilt $\mu = 50$ und (gerundet) $\sigma \approx 6{,}455$.
a) Es muss gelten $P(X \leqq g) = P(0 \leqq X \leqq g) \approx \Phi\left(\frac{g-50}{6{,}455}\right) - \Phi\left(\frac{-50}{6{,}455}\right) \approx \Phi\left(\frac{g-50}{6{,}455}\right) \leqq 0{,}025$.
Wegen $\Phi(-1{,}96) = 0{,}025$ muss $\frac{g-50}{6{,}455} \leqq -1{,}96$ gelten.
Also: $g \leqq 50 - 1{,}96 \cdot 6{,}455 = 37{,}3482$.
Die größte ganze Zahl mit dieser Eigenschaft ist 37.
b) Es muss gelten $P(X \geqq g) = P(g \leqq X \leqq 300) \approx \Phi\left(\frac{300-50}{6{,}455}\right) - \Phi\left(\frac{g-50}{6{,}455}\right)$
$\approx 1 - \Phi\left(\frac{g-50}{6{,}455}\right) \leqq 0{,}025$.
Wegen $\Phi(1{,}96) = 0{,}975$ muss $\frac{g-50}{6{,}455} \geqq 1{,}96$ gelten.
Also: $g \geqq 50 + 1{,}96 \cdot 6{,}455 = 62{,}6518$.
Die kleinste ganze Zahl mit dieser Eigenschaft ist 63.

***15*** a) Wegen $\mu = 12$ und $\sigma \approx 2{,}683$ sind $P(10 \leqq X \leqq 14)$, $P(7 \leqq X \leqq 17)$ und $P(4 \leqq X \leqq 20)$ zu bestimmen.
Es ergeben sich aus der Näherung im Kasten $P(10 \leqq X \leqq 14) \approx 0{,}6746$; $P(7 \leqq X \leqq 17) \approx 0{,}9596$ und $P(4 \leqq X \leqq 20) \approx 0{,}9984$.
b) Wegen $\mu = 32$ und $\sigma = 4$ sind $P(29 \leqq X \leqq 35)$, $P(25 \leqq X \leqq 39)$ und $P(21 \leqq X \leqq 43)$ zu bestimmen.
Es ergeben sich aus der Näherung im Kasten $P(29 \leqq X \leqq 35) \approx 0{,}6212$; $P(25 \leqq X \leqq 39) \approx 0{,}9398$ und $P(21 \leqq X \leqq 43) \approx 0{,}9940$.

***16*** Es gilt $\mu = 150$ und $\sigma = \sqrt{75} \approx 8{,}660$.
Wegen $P(\mu - d \leqq X \leqq \mu + d) \approx \Phi\left(\frac{d}{\sigma}\right) - \Phi\left(\frac{-d}{\sigma}\right) = 2 \cdot \Phi\left(\frac{d}{\sigma}\right) - 1$ muss d so bestimmt werden, dass möglichst $\Phi\left(\frac{d}{\sigma}\right) = 0{,}975$ gilt. Es müsste also $d = 1{,}96\sqrt{75} = 16{,}97\ldots$ sein.
In Frage kommt für d erst einmal der Wert 17: $P(133 \leqq X \leqq 167) \approx 0{,}95$.
Für $d = 16$ ergibt sich $P(134 \leqq X \leqq 156) \approx 0{,}9356$ eine zu geringe Wahrscheinlichkeit. Das gesuchte Intervall ist daher [133; 167].

# 2 *Summen von Zufallsgrößen*

S. 70 **1** a) Im Tabelleninneren kommt in jeder Zeile und in jeder Spalte jeweils nur ein einziger Eintrag vor.

b) Die Wahrscheinlichkeitsverteilungen sind:

| x | 0 | 1 | 2 |
|---|---|---|---|
| P(X = x) | $\frac{1}{4}$ | $\frac{1}{2}$ | $\frac{1}{4}$ |

| y | 0 | 1 | 2 |
|---|---|---|---|
| P(Y = y) | $\frac{1}{4}$ | $\frac{1}{2}$ | $\frac{1}{4}$ |

S. 72 **2** a) Gemeinsame Verteilungen:

Fall 1:

| x \ y | 0 | 1 | 2 | P(X = x) |
|---|---|---|---|---|
| 1 | $\frac{1}{8}$ | $\frac{1}{4}$ | $\frac{1}{8}$ | $\frac{1}{2}$ |
| 2 | $\frac{1}{8}$ | $\frac{1}{4}$ | $\frac{1}{8}$ | $\frac{1}{2}$ |
| P(Y = y) | $\frac{1}{4}$ | $\frac{1}{2}$ | $\frac{1}{4}$ | 1 |

Fall 2:

| x \ y | 0 | 1 | 2 | P(X = x) |
|---|---|---|---|---|
| 1 | $\frac{1}{8}$ | $\frac{1}{4}$ | $\frac{1}{8}$ | $\frac{1}{2}$ |
| 2 | 0 | $\frac{3}{8}$ | $\frac{1}{8}$ | $\frac{1}{2}$ |
| P(Y = y) | $\frac{1}{8}$ | $\frac{5}{8}$ | $\frac{1}{4}$ | 1 |

b) Wahrscheinlichkeitsverteilung von Z:

Fall 2:

| z | 1 | 2 | 3 | 4 |
|---|---|---|---|---|
| P(Z = z) | $\frac{1}{8}$ | $\frac{3}{8}$ | $\frac{3}{8}$ | $\frac{1}{8}$ |

Fall 1:

| z | 1 | 2 | 3 | 4 |
|---|---|---|---|---|
| P(Z = z) | $\frac{1}{8}$ | $\frac{1}{4}$ | $\frac{1}{2}$ | $\frac{1}{8}$ |

**3** a) Verteilung von X:

| x | −1 | 0 | 1 |
|---|---|---|---|
| P(X = x) | $\frac{2}{5}$ | $\frac{1}{10}$ | $\frac{1}{2}$ |

Verteilung von Y:

| y | −2 | −1 | 0 | 1 | 2 |
|---|---|---|---|---|---|
| P(Y = y) | $\frac{1}{10}$ | $\frac{1}{5}$ | $\frac{2}{5}$ | $\frac{1}{5}$ | $\frac{1}{10}$ |

b) X und Y sind unabhängig, da z.B. $P(X = 0; Y = 0) = 0$ und $P(X = 0) \cdot P(Y = 0) = \frac{1}{10} \cdot \frac{2}{5} = \frac{1}{25} \neq 0$ gilt.

**4** X und Y sind unabhängig. Also gilt $P(X = x; Y = y) = \frac{1}{6} \cdot \frac{1}{6} = \frac{1}{36}$ für alle Augenzahlen x, y.

| x \ y | 1 | 2 | 3 | 4 | 5 | 6 | P(X = x) |
|---|---|---|---|---|---|---|---|
| 1 | $\frac{1}{36}$ | $\frac{1}{36}$ | $\frac{1}{36}$ | $\frac{1}{36}$ | $\frac{1}{36}$ | $\frac{1}{36}$ | $\frac{1}{6}$ |
| 2 | $\frac{1}{36}$ | $\frac{1}{36}$ | $\frac{1}{36}$ | $\frac{1}{36}$ | $\frac{1}{36}$ | $\frac{1}{36}$ | $\frac{1}{6}$ |
| 3 | $\frac{1}{36}$ | $\frac{1}{36}$ | $\frac{1}{36}$ | $\frac{1}{36}$ | $\frac{1}{36}$ | $\frac{1}{36}$ | $\frac{1}{6}$ |
| 4 | $\frac{1}{36}$ | $\frac{1}{36}$ | $\frac{1}{36}$ | $\frac{1}{36}$ | $\frac{1}{36}$ | $\frac{1}{36}$ | $\frac{1}{6}$ |
| 5 | $\frac{1}{36}$ | $\frac{1}{36}$ | $\frac{1}{36}$ | $\frac{1}{36}$ | $\frac{1}{36}$ | $\frac{1}{36}$ | $\frac{1}{6}$ |
| 6 | $\frac{1}{36}$ | $\frac{1}{36}$ | $\frac{1}{36}$ | $\frac{1}{36}$ | $\frac{1}{36}$ | $\frac{1}{36}$ | $\frac{1}{6}$ |
| P(Y = y) | $\frac{1}{6}$ | $\frac{1}{6}$ | $\frac{1}{6}$ | $\frac{1}{6}$ | $\frac{1}{6}$ | $\frac{1}{6}$ | 1 |

S. 72 ***5***

| x \ y | 1 | 2 | 3 | 4 | P(X = x) |
|---|---|---|---|---|---|
| –2 | 0,04 | 0,01 | 0,01 | 0,04 | 0,1 |
| –1 | 0,08 | 0,02 | 0,02 | 0,08 | 0,2 |
| 0 | 0,12 | 0,03 | 0,03 | 0,12 | 0,3 |
| 1 | 0,12 | 0,03 | 0,03 | 0,12 | 0,3 |
| 2 | 0,04 | 0,01 | 0,01 | 0,04 | 0,1 |
| P(Y = y) | 0,4 | 0,1 | 0,1 | 0,4 | 1 |

S. 73 ***6*** a) Baumdiagramm:

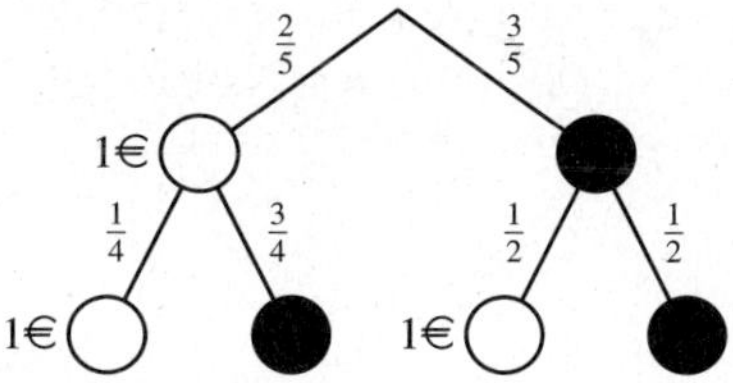


Gemeinsame Verteilung:

| x \ y | 0 | 1 | P(X = x) |
|---|---|---|---|
| 1 | $\frac{3}{10}$ | $\frac{3}{10}$ | $\frac{3}{5}$ |
| 2 | $\frac{3}{10}$ | $\frac{1}{10}$ | $\frac{2}{5}$ |
| P(Y = y) | $\frac{3}{5}$ | $\frac{2}{5}$ | 1 |

b) X und Y sind abhängig, da z. B.
$P(X = 0;\, Y = 0) = \frac{3}{10}$ und $P(X = 0) \cdot P(Y = 0) = \frac{3}{5} \cdot \frac{3}{5} = \frac{9}{25} \neq \frac{3}{10}$ gilt.

***7*** $E(X) = 0 \cdot 0{,}4 + 1 \cdot 0{,}3 + 2 \cdot 0{,}2 + 3 \cdot 0{,}1 = 1$;
$E(Y) = -1 \cdot 0{,}1 + 0 \cdot 0{,}3 + 2 \cdot 0{,}2 + 4 \cdot 0{,}3 + 6 \cdot 0{,}1 = 2{,}1$
Also $E(X + Y) = 3{,}1$

***8*** Bei einem Wurf hat die Augenzahl X den Erwartungswert
$E(X) = (1 + 2 + 3 + 4 + 5 + 6) \cdot \frac{1}{6} = \frac{7}{2}$ und die Varianz
$V(X) = \left(\left(-\frac{5}{2}\right)^2 + \left(-\frac{3}{2}\right)^2 + \left(-\frac{1}{2}\right)^2 + \left(\frac{1}{2}\right)^2 + \left(\frac{3}{2}\right)^2 + \left(\frac{5}{2}\right)^2\right) \cdot \frac{1}{6} = \frac{35}{12}$.
Da die Würfe unabhängig sind, gilt für die Augensumme
$E(X) = 10 \cdot \frac{7}{2} = 35$ und $V(S) = 10 \cdot \frac{35}{12} = \frac{175}{6}$.

***9*** Mittlere Reparaturkosten: 250€ · 0,05 + 20€ · 0,02 = 12,90€

***10*** a) Auszahlung bei einem Wurf in €: $E(X) = 0{,}10 \cdot 0{,}3 + 0{,}50 \cdot 0{,}2 + 1{,}00 \cdot 0{,}1 = 0{,}23$.
Das Spiel lohnt sich nicht, da der Erwartungswert der Gesamtauszahlung S nur 0,46€ beträgt, also unter dem Einsatz liegt.
b) Varianz (in €²):
$V(S) = 2 \cdot ((-0{,}26)^2 \cdot 0{,}4 + (-0{,}16)^2 \cdot 0{,}3 + 0{,}24^2 \cdot 0{,}2 + 0{,}74^2 \cdot 0{,}1) = 0{,}24296$

***11*** Wenn X + X die Summe der Werte von X bei zwei unabhängigen Versuchsdurchführungen angibt, nimmt X + X den Wert 4 mit der Wahrscheinlichkeit $\frac{3}{16}$ an (die zugehörigen Wertepaare sind (1; 3), (3; 1) und (2; 2)). Die Zufallsgröße $2 \cdot X$ nimmt den Wert 4 jedoch mit der Wahrscheinlichkeit $\frac{1}{4}$ an.

S. 73 **12** Jede $B_{1;p}$-verteilte Zufallsgröße Y besitzt den Erwartungswert
$E(Y) = 0 \cdot (1-p) + 1 \cdot p = p$ und die Varianz
$V(Y) = (0-p)^2 \cdot (1-p) + (1-p)^2 \cdot p = (1-p) \cdot (p^2 + p - p^2) = (1-p) \cdot p$.
Die Trefferzahl X einer BERNOULLI-Kette ist die Summe von n unabhängigen solchen Zufallsgrößen, die alle dieselbe Verteilung besitzen.
Damit ergibt sich $\mu = n \cdot p$ und $\sigma^2 = n \cdot p \cdot (1-p)$.

**13** Für einen Münzwurf betragen der Erwartungswert und die Varianz der Anzahl Y der Wappen (vgl. Aufgabe 12) $E(Y) = \frac{1}{2}$ und $V(Y) = \frac{1}{4}$.
Für die Gesamtzahl S der Wappen bei 10 Würfen ergibt sich $E(S) = 5$ und $V(S) = 2{,}5$.
Die durchschnittliche Zahl der Wappen ist $\frac{1}{10}S$. Wenn man alle Werte von S durch 10 dividiert, übertragt sich das auf den Erwartungswert. Also ist $E(X) = \frac{1}{2}$. Bei der Berechnung der Varianz werden die Produkte $(s_i - E(S))^2 \cdot P(S = s_i)$ aufsummiert. Daher muss man die Varianz von S durch 100 dividieren, um V(X) zu erhalten.
$V(X) = \frac{1}{40}$.

**14** Die Summe S hat den Erwartungswert $E(S) = n \cdot \mu$ und die Varianz $V(S) = n \cdot \sigma^2$. Dividiert man durch n, muss man den Erwartungswert durch n und die Varianz durch $n^2$ dividieren. Daher besitzt $\overline{X}$ den Erwartungswert $\mu$ und die Standardabweichung $\frac{\sigma}{\sqrt{n}}$.

## 3 *Rekursive Berechnung von Wahrscheinlichkeitsverteilungen*

S. 74 **1** a) Das Baumdiagramm hat 64 Endpunkte und der Wert von $X_4$ hängt vom gesamten Weg und nicht nur vom Endpunkt ab.

b)

| k | $P(X_4 = k)$ |
|---|---|
| 0 | $\frac{1}{8} \cdot \frac{1}{2} = \frac{1}{16}$ |
| 1 | $\frac{1}{8} \cdot \frac{1}{4} + \frac{3}{16} \cdot \frac{1}{2} = \frac{1}{8}$ |
| 2 | $\frac{1}{8} \cdot \frac{1}{4} + \frac{3}{16} \cdot \frac{1}{4} + \frac{9}{32} \cdot \frac{1}{2} = \frac{7}{32}$ |
| 4 | $\frac{9}{32} \cdot \frac{1}{4} + \frac{13}{64} \cdot \frac{1}{4} + \frac{9}{64} \cdot \frac{1}{2} = \frac{49}{256}$ |
| 5 | $\frac{13}{64} \cdot \frac{1}{4} + \frac{9}{64} \cdot \frac{1}{4} + \frac{3}{64} \cdot \frac{1}{2} = \frac{7}{64}$ |
| 6 | $\frac{9}{64} \cdot \frac{1}{4} + \frac{3}{64} \cdot \frac{1}{4} + \frac{1}{64} \cdot \frac{1}{2} = \frac{7}{128}$ |
| 7 | $\frac{3}{64} \cdot \frac{1}{4} + \frac{1}{64} \cdot \frac{1}{4} = \frac{1}{4}$ |
| 8 | $\frac{1}{64} \cdot \frac{1}{4} = \frac{1}{256}$ |

*S. 76* **2** Zweifaches Drehen:

| k | $P(X_2 = k)$ |
|---|---|
| 0 | $\frac{1}{2}\cdot\frac{1}{2} = \frac{1}{4}$ |
| 1 | $\frac{1}{2}\cdot\frac{1}{4} + \frac{1}{4}\cdot\frac{1}{2} = \frac{1}{4}$ |
| 2 | $\frac{1}{2}\cdot\frac{1}{4} + \frac{1}{4}\cdot\frac{1}{4} + \frac{1}{4}\cdot\frac{1}{2} = \frac{5}{16}$ |
| 3 | $\frac{1}{4}\cdot\frac{1}{4} + \frac{1}{4}\cdot\frac{1}{4} = \frac{1}{8}$ |
| 4 | $\frac{1}{4}\cdot\frac{1}{4} = \frac{1}{16}$ |

Dreifaches Drehen:

| k | $P(X_3 = k)$ |
|---|---|
| 0 | $\frac{1}{4}\cdot\frac{1}{2} = \frac{1}{8}$ |
| 1 | $\frac{1}{4}\cdot\frac{1}{4} + \frac{1}{4}\cdot\frac{1}{2} = \frac{3}{16}$ |
| 2 | $\frac{1}{4}\cdot\frac{1}{4} + \frac{1}{4}\cdot\frac{1}{4} + \frac{5}{16}\cdot\frac{1}{2} = \frac{9}{32}$ |
| 3 | $\frac{1}{4}\cdot\frac{1}{4} + \frac{5}{16}\cdot\frac{1}{4} + \frac{1}{8}\cdot\frac{1}{2} = \frac{13}{64}$ |
| 4 | $\frac{5}{16}\cdot\frac{1}{4} + \frac{1}{8}\cdot\frac{1}{4} + \frac{1}{16}\cdot\frac{1}{2} = \frac{9}{64}$ |
| 5 | $\frac{1}{8}\cdot\frac{1}{4} + \frac{1}{16}\cdot\frac{1}{4} = \frac{3}{64}$ |
| 6 | $\frac{1}{16}\cdot\frac{1}{4} = \frac{1}{64}$ |

**3** Wertebereich von Z: {1; 2; 3; 4; 5; 6}
Wahrscheinlichkeiten:
$P(Z = 1) = 1\cdot\frac{1}{4}\cdot\frac{1}{3} = \frac{1}{12}$; $P(Z = 2) = 2\cdot\frac{1}{4}\cdot\frac{1}{3} = \frac{1}{6}$; $P(Z = 3) = 3\cdot\frac{1}{4}\cdot\frac{1}{3} = \frac{1}{4}$;
$P(Z = 4) = 3\cdot\frac{1}{4}\cdot\frac{1}{3} = \frac{1}{4}$; $P(Z = 5) = 2\cdot\frac{1}{4}\cdot\frac{1}{3} = \frac{1}{6}$; $P(Z = 6) = 1\cdot\frac{1}{4}\cdot\frac{1}{3} = \frac{1}{12}$

**4** a)

| k | 2 | 3 | 4 | 5 | 6 | 7 | 8 | 9 | 10 | 11 | 12 |
|---|---|---|---|---|---|---|---|---|---|---|---|
| $P(S_2=k)$ | $\frac{1}{36}$ | $\frac{2}{36}=\frac{1}{18}$ | $\frac{3}{36}=\frac{1}{12}$ | $\frac{4}{36}=\frac{1}{9}$ | $\frac{5}{36}$ | $\frac{6}{36}=\frac{1}{6}$ | $\frac{5}{36}$ | $\frac{4}{36}=\frac{1}{9}$ | $\frac{3}{36}=\frac{1}{12}$ | $\frac{2}{36}=\frac{1}{18}$ | $\frac{1}{36}$ |

b) Wahrscheinlichkeiten:

$P(S_3 = 3) = \frac{1}{36}\cdot 6 = \frac{1}{216}$

$P(S_3 = 4) = \frac{1}{36}\cdot\frac{1}{6} + \frac{1}{18}\cdot\frac{1}{6} = \frac{1}{72}$

$P(S_3 = 5) = \frac{1}{36}\cdot\frac{1}{6} + \frac{1}{18}\cdot\frac{1}{6} + \frac{1}{12}\cdot\frac{1}{6} = \frac{1}{36}$

$P(S_3 = 6) = \frac{1}{36}\cdot\frac{1}{6} + \frac{1}{18}\cdot\frac{1}{6} + \frac{1}{12}\cdot\frac{1}{6} + \frac{1}{9}\cdot\frac{1}{6} = \frac{5}{108}$

$P(S_3 = 7) = \frac{1}{36}\cdot\frac{1}{6} + \frac{1}{18}\cdot\frac{1}{6} + \frac{1}{12}\cdot\frac{1}{6} + \frac{1}{9}\cdot\frac{1}{6} + \frac{5}{36}\cdot\frac{1}{6} = \frac{5}{72}$

$P(S_3 = 8) = \frac{1}{36}\cdot\frac{1}{6} + \frac{1}{18}\cdot\frac{1}{6} + \frac{1}{12}\cdot\frac{1}{6} + \frac{1}{9}\cdot\frac{1}{6} + \frac{5}{36}\cdot\frac{1}{6} + \frac{1}{6}\cdot\frac{1}{6} = \frac{7}{72}$

$P(S_3 = 9) = \frac{1}{18}\cdot\frac{1}{6} + \frac{1}{12}\cdot\frac{1}{6} + \frac{1}{9}\cdot\frac{1}{6} + \frac{5}{36}\cdot\frac{1}{6} + \frac{1}{6}\cdot\frac{1}{6} + \frac{5}{36}\cdot\frac{1}{6} = \frac{25}{216}$

$P(S_3 = 10) = \frac{1}{12}\cdot\frac{1}{6} + \frac{1}{9}\cdot\frac{1}{6} + \frac{5}{36}\cdot\frac{1}{6} + \frac{1}{6}\cdot\frac{1}{6} + \frac{5}{36}\cdot\frac{1}{6} + \frac{1}{9}\cdot\frac{1}{6} = \frac{1}{8}$

$P(S_3 = 11) = \frac{1}{9}\cdot\frac{1}{6} + \frac{5}{36}\cdot\frac{1}{6} + \frac{1}{6}\cdot\frac{1}{6} + \frac{5}{36}\cdot\frac{1}{6} + \frac{1}{9}\cdot\frac{1}{6} + \frac{1}{12}\cdot\frac{1}{6} = \frac{1}{8}$

$P(S_3 = 12) = \frac{5}{36}\cdot\frac{1}{6} + \frac{1}{6}\cdot\frac{1}{6} + \frac{5}{36}\cdot\frac{1}{6} + \frac{1}{9}\cdot\frac{1}{6} + \frac{1}{12}\cdot\frac{1}{6} + \frac{1}{18}\cdot\frac{1}{6} = \frac{25}{36}$

$P(S_3 = 13) = \frac{1}{6}\cdot\frac{1}{6} + \frac{5}{36}\cdot\frac{1}{6} + \frac{1}{9}\cdot\frac{1}{6} + \frac{1}{12}\cdot\frac{1}{6} + \frac{1}{18}\cdot\frac{1}{6} + \frac{1}{36}\cdot\frac{1}{6} = \frac{7}{72}$

$P(S_3 = 14) = \frac{5}{36}\cdot\frac{1}{6} + \frac{1}{9}\cdot\frac{1}{6} + \frac{1}{12}\cdot\frac{1}{6} + \frac{1}{18}\cdot\frac{1}{6} + \frac{1}{36}\cdot\frac{1}{6} = \frac{5}{72}$

$P(S_3 = 15) = \frac{1}{9}\cdot\frac{1}{6} + \frac{1}{12}\cdot\frac{1}{6} + \frac{1}{18}\cdot\frac{1}{6} + \frac{1}{36}\cdot\frac{1}{6} = \frac{5}{108}$

$P(S_3 = 16) = \frac{1}{12}\cdot\frac{1}{6} + \frac{1}{18}\cdot\frac{1}{6} + \frac{1}{36}\cdot\frac{1}{6} = \frac{1}{36}$

$P(S_3 = 17) = \frac{1}{18}\cdot\frac{1}{6} + \frac{1}{36}\cdot\frac{1}{6} = \frac{1}{72}$

$P(S_3 = 18) = \frac{1}{36}\cdot\frac{1}{6} = \frac{1}{216}$

S. 76 **5** a) Wahrscheinlichkeitsverteilung (Werte in €):

| k | 0 | 1 | 2 |
|---|---|---|---|
| P(X = k) | $\frac{1}{4}$ | $\frac{1}{2}$ | $\frac{1}{4}$ |

b) Wahrscheinlichkeitsverteilungen (erst wird die Verteilung für $X_2$ bestimmt, daraus die Verteilung für $X_3$):

| k | 0 | 1 | 2 | 3 | 4 | 5 | 6 |
|---|---|---|---|---|---|---|---|
| $P(X_2 = k)$ | $\frac{1}{16}$ | $\frac{1}{4}$ | $\frac{3}{8}$ | $\frac{1}{4}$ | $\frac{1}{16}$ | 0 | 0 |
| $P(X_3 = k)$ | $\frac{1}{64}$ | $\frac{3}{32}$ | $\frac{15}{64}$ | $\frac{5}{16}$ | $\frac{15}{64}$ | $\frac{3}{32}$ | $\frac{1}{64}$ |

c) E(Y) beträgt in €:
$E(Y) = 0 \cdot \frac{1}{64} + 1 \cdot \frac{3}{32} + 2 \cdot \frac{15}{64} + 3 \cdot \frac{5}{16} + 4 \cdot \frac{15}{64} + 5 \cdot \frac{3}{32} + 6 \cdot \frac{1}{64} - 3 = 0.$
Das Spiel ist also fair.
(Kürzer: $E(Y) = 3 \cdot \left(0 \cdot \frac{1}{4} + 1 \cdot \frac{1}{2} + 2 \cdot \frac{1}{4}\right) - 3 = 0.$)

**6** a) In die Zellen C6, D6 und E6 kann man die Gewichte 3, 4 und 5 eingeben.
b) Es ergibt sich $P(21 \leqq S10 \leqq 24) \approx 0{,}1481 + 0{,}1545 + 0{,}1392 + 0{,}1074 = 0{,}5492$.

**7** a) Bei fünf Versuchen.
b) Zu bestimmen ist $P(S10 \geqq 10)$. Es ergibt sich:
$P(S10 \geqq 10) \approx 0{,}1762 + 0{,}1602 + 0{,}1201 + 0{,}0739 + 0{,}0370 + 0{,}0148 + 0{,}0046 + 0{,}0011 + 0{,}0002 = 0{,}5581$.
c) Die Auszahlung 5 € ist immer noch bei fünf Versuchen am wahrscheinlichsten.
Es ergibt sich:
$P(S10 \geqq 10) \approx 0{,}1516 + 0{,}1414 + 0{,}1146 + 0{,}0803 + 0{,}0483 + 0{,}0246 + 0{,}0104 + 0{,}0036 + 0{,}0009 + 0{,}0002 = 0{,}5759$.

## 4 *Der zentrale Grenzwertsatz*

S. 77 ***1*** a) Ab zwei Würfen liegt es jeweils beim Erwartungswert von X.
b) Das Maximalrechteck liegt noch weiter rechts und das Histogramm wird immer „glockenförmiger“.

S. 79 **2** a)

| k | 0 | 1 | 2 | 3 | 4 | 5 | 6 | 7 | 8 |
|---|---|---|---|---|---|---|---|---|---|
| $P(S_2 = k)$ | $\frac{1}{100}$ | $\frac{1}{25}$ | $\frac{9}{50}$ | $\frac{7}{25}$ | $\frac{49}{100}$ | 0 | 0 | 0 | 0 |
| $P(S_3 = k)$ | $\frac{1}{1000}$ | $\frac{3}{500}$ | $\frac{33}{1000}$ | $\frac{23}{250}$ | $\frac{231}{1000}$ | $\frac{147}{500}$ | $\frac{343}{1000}$ | 0 | 0 |
| $P(S_4 = k)$ | $\frac{1}{10000}$ | $\frac{1}{1250}$ | $\frac{13}{2500}$ | $\frac{1}{50}$ | $\frac{323}{5000}$ | $\frac{7}{50}$ | $\frac{637}{2500}$ | $\frac{343}{1250}$ | $\frac{2401}{10000}$ |

*S. 79* **2** b) 2facher Quaderwurf

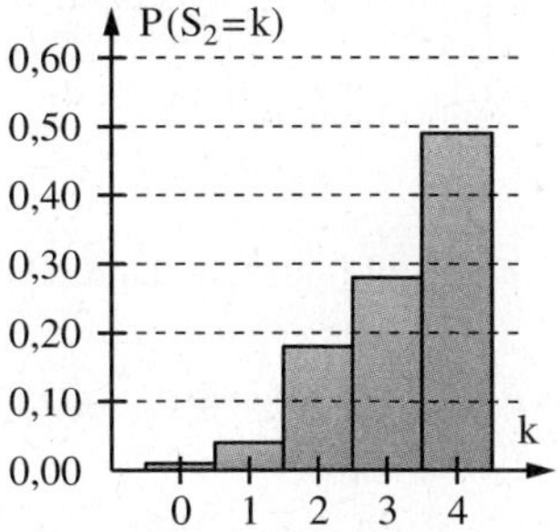


Fig. 1

3facher Quaderwurf

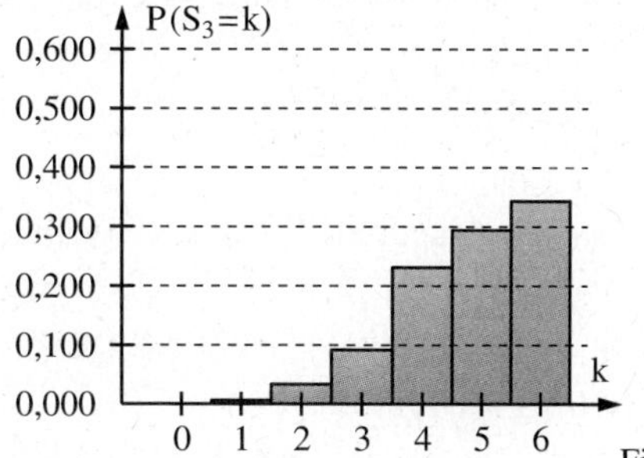


Fig. 2

4facher Quaderwurf

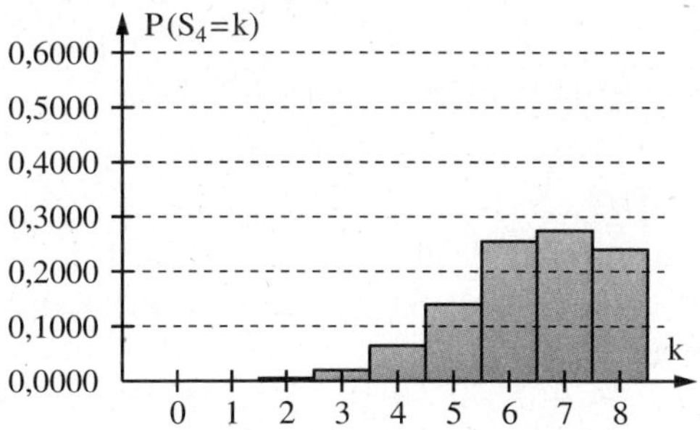


Fig. 3

**3** a) $P(X < 75) = P(X \leqq 74) \approx \Phi\left(\frac{74 - 20 \cdot 3{,}5}{\sqrt{20 \cdot \frac{35}{12}}}\right) \approx \Phi(0{,}52) = 0{,}6985$

b) $P(65 < X < 80) = P(65 < X \leqq 79) \approx \Phi\left(\frac{79 - 20 \cdot 3{,}5}{\sqrt{20 \cdot \frac{35}{12}}}\right) - \Phi\left(\frac{65 - 20 \cdot 3{,}5}{\sqrt{20 \cdot \frac{35}{12}}}\right)$

$\approx \Phi(1{,}18) - \Phi(-0{,}65) = 0{,}8810 - 0{,}2578 = 0{,}6232$

**4** Die Summe S hat den Erwartungswert $\mu = 100 \cdot \frac{5}{2} = 250$ und die Standardabweichung $\sigma = \sqrt{100 \cdot \frac{5}{4}} = 5\sqrt{5}$. Daher ergibt sich: $P(S > 270) = 1 - P(S \leqq 270)$ $\approx 1 - \Phi\left(\frac{270 - 250}{5\sqrt{5}}\right) \approx 1 - \Phi(1{,}79) = 1 - 0{,}9633 = 0{,}0367$.

**5** Die Summe S hat den Erwartungswert $\mu = 40 \cdot \frac{9}{2} = 180$ und die Standardabweichung $\sigma = \sqrt{40 \cdot \frac{33}{4}} = \sqrt{330}$. Daher ergibt sich:

a) $P(S > 180) = 1 - P(S \leqq 180) \approx 1 - \Phi\left(\frac{180 - 180}{5\sqrt{5}}\right) \approx 1 - \Phi(0) = 1 - 0{,}5 = 0{,}5$

b) $P(S < 180) = P(S \leqq 179) \approx \Phi\left(\frac{179 - 180}{\sqrt{330}}\right) \approx \Phi(-0{,}06) = 0{,}4761$

c) $P(S = 180) = 1 - P(S > 180) - P(S < 180) \approx 1 - 0{,}5 - 0{,}4761 = 0{,}0239$

*S. 79* ***6*** Der Erwartungswert von X beträgt 0,57, die Varianz 1,0851. Der Erwartungswert und die Standardabweichung der Gesamtzahl S defekter Bauteile aus 21 Arbeitstagen sind $\mu = 11{,}97$ und $\sigma \approx 4{,}973$. Also:
$P(S < 0{,}005 \cdot 200 \cdot 21) = P(S \leqq 21) \approx \Phi\left(\frac{21 - 11{,}97}{4{,}973}\right) \approx \Phi(1{,}82) = 0{,}9656.$

***7*** Die Summengröße S hat den Erwartungswert $\mu = 30 \cdot 3 = 90$ und die Standardabweichung $\sigma = \sqrt{30 \cdot 2} = 2\sqrt{15}$. Daher ergibt sich:
a) $P(79 < S < 91) = P(79 < S \leqq 90) \approx \Phi\left(\frac{90-90}{2\sqrt{15}}\right) - \Phi\left(\frac{79-90}{2\sqrt{15}}\right) \approx \Phi(0) - \Phi(-1{,}42)$
$= 0{,}5 - 0{,}0778 = 0{,}4222$
b) $P(|\overline{X} - 3| < 1) = P(|X - 90| < 30) = P(60 < X < 120) = P(60 < X \leqq 119)$
$\approx \Phi\left(\frac{119-90}{2\sqrt{15}}\right) - \Phi\left(\frac{60-90}{2\sqrt{15}}\right) \approx \Phi(3{,}74) - \Phi(-3{,}87) \approx 1 - 0 = 1$

***8*** a) Es gilt $P(X \leqq x) \approx \Phi\left(\frac{x-\mu}{\sigma}\right)$ mit $\mu = 40 \cdot (0{,}05 + 0{,}02 + 0{,}1) = 6{,}8$ und
$\sigma^2 = 40 \cdot (0{,}05 \cdot 0{,}95 + 0{,}02 \cdot 0{,}98 + 0{,}1 \cdot 0{,}9) = 6{,}284$; also $\sigma \approx 2{,}507$.
b) $P(X \leqq 7) \approx \Phi\left(\frac{7-6{,}8}{2{,}507}\right) \approx \Phi(0{,}08) = 0{,}5319$

***9*** Wenn man die Gewichte für 0 und 1 gleich groß lässt und die Wahrscheinlichkeiten für 1 und 2 beide auf 0,1 oder weniger absenkt.

## 5 *Vermischte Aufgaben*

*S. 80* ***1*** a) X sei die Anzahl intakter Schrauben. X ist $B_{100;0,92}$-verteilt.
$P(X = 100) = P(100 \leqq X \leqq 100) \approx \Phi\left(\frac{100{,}5 - 92}{\sqrt{100 \cdot 0{,}08 \cdot 0{,}92}}\right) - \Phi\left(\frac{99{,}5 - 92}{10\sqrt{0{,}08 \cdot 0{,}92}}\right)$
$\approx \Phi(3{,}13) - \Phi(2{,}76) = 0{,}9991 - 0{,}9971 = 0{,}0020$
b) X sei die Anzahl abgerissener Schrauben. X ist $B_{100;0,08}$-verteilt.
$P(X > 50) = P(51 \geqq X \leqq 600) \approx \Phi\left(\frac{600 - 48}{\sqrt{600 \cdot 0{,}08 \cdot 0{,}92}}\right) - \Phi\left(\frac{51 - 48}{\sqrt{600 \cdot 0{,}08 \cdot 0{,}92}}\right)$
$\approx \Phi(83) - \Phi(0{,}45) \approx 1 - 0{,}6736 = 0{,}3264$

***2*** X sei die Anzahl der Phenylthioharnstoffschmecker unter 130 Personen.
X ist $B_{130;0,63}$-verteilt.
a) $P(X \leqq 80) = P(0 \leqq X \leqq 80) \approx \Phi\left(\frac{80 - 81{,}9}{\sqrt{130 \cdot 0{,}63 \cdot 0{,}37}}\right) - \Phi\left(\frac{0 - 81{,}9}{\sqrt{130 \cdot 0{,}63 \cdot 0{,}37}}\right)$
$\approx \Phi(-0{,}31) - \Phi(-13) \approx 0{,}3783 - 0 = 0{,}3783$
b) $P(X \leqq 90) = P(0 \leqq X \leqq 90) \approx \Phi\left(\frac{90 - 81{,}9}{\sqrt{130 \cdot 0{,}63 \cdot 0{,}37}}\right) - \Phi\left(\frac{0 - 81{,}9}{\sqrt{130 \cdot 0{,}63 \cdot 0{,}37}}\right)$
$\approx \Phi(1{,}91) - \Phi(-13) \approx 0{,}9049 - 0 = 0{,}9049$

S. 80 **2** c) $P(79 < X < 86) = P(80 \leqq X \leqq 85) \approx \Phi\left(\frac{85-81{,}9}{\sqrt{130 \cdot 0{,}63 \cdot 0{,}37}}\right) - \Phi\left(\frac{80-81{,}9}{\sqrt{130 \cdot 0{,}63 \cdot 0{,}37}}\right)$

$\approx \Phi(0{,}50) - \Phi(-0{,}31) \approx 0{,}6915 - 0{,}3783 = 0{,}3132$

**3** X ist $B_{120;\frac{1}{3}}$-verteilt.

a) $P(37 < X < 45) = P(38 \leqq X \leqq 44) \approx \Phi\left(\frac{44-40}{\sqrt{40 \cdot \frac{2}{9}}}\right) - \Phi\left(\frac{38-40}{\sqrt{40 \cdot \frac{2}{9}}}\right)$

$\approx \Phi(1{,}34) - \Phi(-0{,}67) = 0{,}9099 - 0{,}2514 = 0{,}6585$

b) $P(X < 35 \text{ oder } X > 47) = 1 - P(36 \leqq X \leqq 47) \approx 1 - \Phi\left(\frac{47-40}{\sqrt{40 \cdot \frac{2}{9}}}\right) + \Phi\left(\frac{36-40}{\sqrt{40 \cdot \frac{2}{9}}}\right)$

$\approx 1 - \Phi(2{,}35) + \Phi(-1{,}34) = 1 - 0{,}9906 + 0{,}0901 = 0{,}0995$

c) $P(30 < X < 50) = P(31 \leqq X \leqq 49) \approx \Phi\left(\frac{50-40}{\sqrt{40 \cdot \frac{2}{9}}}\right) - \Phi\left(\frac{30-40}{\sqrt{40 \cdot \frac{2}{9}}}\right)$

$\approx \Phi(3{,}35) - \Phi(-3{,}35) = 0{,}9996 - 0{,}0004 = 0{,}9992$

**4** Hier ist die Bedingung für die Näherungsformel von DE MOIVRE-LAPLACE nicht erfüllt!

a) Die Anzahl X defekter Geräte ist $B_{20;0,05}$-verteilt.

$P(X > 2) = 1 - P(X \leqq 2) = 1 - F_{20;0,05}(2) = 1 - 0{,}9245 = 0{,}0755$. Mit der Näherung:

$P(X > 2) = P(3 \leqq X \leqq 20) \approx \Phi\left(\frac{20{,}5-1}{\sqrt{20 \cdot 0{,}05 \cdot 0{,}95}}\right) - \Phi\left(\frac{2{,}5-1}{\sqrt{20 \cdot 0{,}05 \cdot 0{,}95}}\right) \approx \Phi(20) - \Phi(1{,}54)$

$\approx 1 - 0{,}9382 = 0{,}0618$

b) Die Anzahl X defekter Geräte ist $B_{20;0,1}$-verteilt.

$P(X \leqq 2) = F_{20;0,1}(2) = 0{,}6769$. Mit der Näherung:

$P(X \leqq 2) = P(0 \leqq X \leqq 2) \approx \Phi\left(\frac{2{,}5-2}{\sqrt{20 \cdot 0{,}1 \cdot 0{,}9}}\right) - \Phi\left(\frac{-0{,}5-2}{\sqrt{20 \cdot 0{,}1 \cdot 0{,}9}}\right) \approx \Phi(0{,}37) - \Phi(-1{,}86)$

$\approx 0{,}6443 - 0{,}0314 = 0{,}6129$

**5** a) X ist $B_{40;0,5}$-verteilt.

$P(14 < X < 26) = P(15 \leqq X \leqq 25) \approx \Phi\left(\frac{26-20}{\sqrt{10}}\right) - \Phi\left(\frac{15-20}{\sqrt{10}}\right) \approx \Phi(1{,}90) - \Phi(-1{,}58)$

$= 0{,}9713 - 0{,}0571 = 0{,}9142$

b) X ist $B_{60;0,5}$-verteilt.

$P(|X - 30| > 3) = 1 - P(27 \leqq X \leqq 33) \approx 1 - \Phi\left(\frac{33-30}{\sqrt{15}}\right) + \Phi\left(\frac{27-30}{\sqrt{15}}\right)$

$\approx 1 - \Phi(0{,}77) + \Phi(-0{,}77) = 1 - 0{,}7794 + 0{,}2206 = 0{,}4412$

c) Es muss gelten $P(|X - \mu| > \frac{1}{10}\mu) < 0{,}05$. Also $1 - P(0{,}9\mu \leqq X \leqq 1{,}1\mu) < 0{,}05$

und damit näherungsweise $1 - \Phi\left(\frac{0{,}1\mu}{\sigma}\right) + \Phi\left(\frac{-0{,}1\mu}{\sigma}\right) = 2 \cdot \left(1 - \Phi\left(\frac{0{,}1\mu}{\sigma}\right)\right) < 0{,}05$.

Daraus ergibt sich $\Phi\left(\frac{0{,}1\mu}{\sigma}\right) > 0{,}975$; d. h. $\frac{0{,}1 \cdot \frac{n}{2}}{\sqrt{\frac{n}{4}}} = 0{,}1\sqrt{n} > 1{,}96$.

n muss also mindestens gleich 385 sein.

S. 80 **6** a)

| x \ y | 0 | 1 | P(X = x) |
|---|---|---|---|
| 1 | $\frac{3}{10}$ | $\frac{3}{10}$ | $\frac{3}{5}$ |
| 2 | $\frac{3}{10}$ | $\frac{1}{10}$ | $\frac{2}{5}$ |
| P(Y = y) | $\frac{3}{5}$ | $\frac{2}{5}$ | 1 |

b) X und Y sind abhängig, da z. B.
$P(X = 1) \cdot P(Y = 0) = \frac{3}{5} \cdot \frac{3}{5} \neq \frac{3}{10} = P(X = 1;\ Y = 0)$.

c) Er beträgt (in €) $10 \cdot (E(X) + E(Y)) = 10 \cdot \left(\frac{7}{5} + \frac{2}{5}\right) = 18$.

S. 81 **7** a) Mit der gesuchten Zahl r muss der Erwartungswert bei einem Wurf
$\mu = 2 \cdot \frac{1}{2} + r \cdot \frac{1}{2}$ betragen. Also muss r gleich 6 sein.

b) $V(S) = \frac{3 \cdot (2-4)^2 + (6-4)^2}{2} = 12$

**8** Auf vier Nachkommastellen gerundet:

| k | 2 | 3 | 4 | 5 | 6 | 7 | 8 | 9 |
|---|---|---|---|---|---|---|---|---|
| $P(S_2 = k)$ | 0,0625 | 0,1250 | 0,1875 | 0,2500 | 0,1875 | 0,1250 | 0,0625 | 0 |
| $P(S_3 = k)$ | 0 | 0,0156 | 0,0469 | 0,0938 | 0,1563 | 0,1875 | 0,1875 | 0,1563 |
| $P(S_4 = k)$ | 0 | 0 | 0,0039 | 0,0156 | 0,0391 | 0,0781 | 0,1211 | 0,1563 |

| k | 10 | 11 | 12 | 13 | 14 | 15 | 16 |
|---|---|---|---|---|---|---|---|
| $P(S_2 = k)$ | 0 | 0 | 0 | 0 | 0 | 0 | 0 |
| $P(S_3 = k)$ | 0,0938 | 0,0469 | 0,0156 | 0 | 0 | 0 | 0 |
| $P(S_4 = k)$ | 0,1719 | 0,1563 | 0,1211 | 0,0781 | 0,0391 | 0,0156 | 0,0039 |

**9** a) x in €:

| x | –0,80 | 0,50 | 1,00 |
|---|---|---|---|
| P(X = x) | $\frac{1}{2}$ | $\frac{1}{4}$ | $\frac{1}{4}$ |

b) x in €:

| x | –1,60 | –0,30 | 0,20 | 1,00 | 1,50 | 2,00 |
|---|---|---|---|---|---|---|
| $P(X_2 = x)$ | $\frac{1}{4}$ | $\frac{1}{4}$ | $\frac{1}{4}$ | $\frac{1}{16}$ | $\frac{1}{8}$ | $\frac{1}{16}$ |

x in €:

| x | –2,40 | –1,10 | –0,60 | 0,20 | 0,70 | 1,20 | 1,50 | 2,00 | 2,50 | 3,00 |
|---|---|---|---|---|---|---|---|---|---|---|
| $P(X_3 = x)$ | $\frac{1}{8}$ | $\frac{3}{16}$ | $\frac{3}{16}$ | $\frac{3}{32}$ | $\frac{3}{16}$ | $\frac{3}{32}$ | $\frac{1}{64}$ | $\frac{3}{64}$ | $\frac{3}{64}$ | $\frac{1}{64}$ |

**10** a) $\mu_1 = 0$; $\sigma_1 = \frac{1}{5}\sqrt{35}$; $E(S) = 30 \cdot \mu_1 = 0$; $V(S) = \sqrt{30 \cdot \sigma_1^2} = \sqrt{42}$

b) $P(-5 < S < 5) = P(-5 < S \leqq 4) \approx \Phi\left(\frac{4}{\sqrt{42}}\right) - \Phi\left(\frac{5}{\sqrt{42}}\right) \approx \Phi(0{,}62) - \Phi(-0{,}77)$
$= 0{,}7324 - 0{,}2206 = 0{,}5118$

*S. 81* **11** Es werden 10 unabhängige Zufallsgrößen mit dem Erwartungswert $\mu_1 = 4{,}5$ und der Varianz $\sigma_1^2 = 8{,}25$ addiert. Also hat die Quersumme der Gewinnzahl den Erwartungswert $\mu = 45$ und die Standardabweichung $\sigma = \sqrt{82{,}5}$.

a) $P(Q < 20) = P(Q \leqq 19) \approx \Phi\left(\frac{19-45}{\sqrt{82{,}5}}\right) \approx \Phi(-2{,}86) = 0{,}0021$

b) $P(30 < Q < 60) = P(30 < Q \leqq 59) = \Phi\left(\frac{59-45}{\sqrt{82{,}5}}\right) - \Phi\left(\frac{30-45}{\sqrt{82{,}5}}\right)$

$\approx \Phi(1{,}54) - \Phi(-1{,}65) = 0{,}9382 - 0{,}0495 = 0{,}8887$

**12** a) Verteilung (auf 4 Nachkommastellen gerundet):

| k | 5 | 6 | 7 | 8 | 9 | 10 | 11 | 12 |
|---|---|---|---|---|---|---|---|---|
| $P(S_5 = k)$ | 0,0003 | 0,0024 | 0,0112 | 0,0348 | 0,0821 | 0,1464 | 0,2053 | 0,2175 |

| k | 13 | 14 | 15 |
|---|---|---|---|
| $P(S_5 = k)$ | 0,1750 | 0,0938 | 0,0313 |

Histogramm:

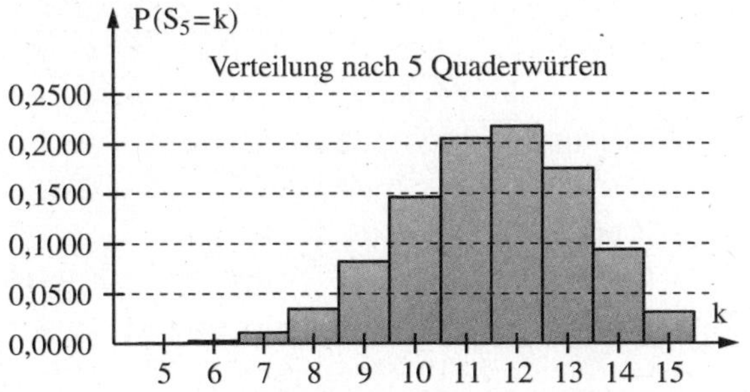


b) $\mu = 5 \cdot (1 \cdot 0{,}2 + 2 \cdot 0{,}3 + 3 \cdot 0{,}5) = 11{,}5$

$\sigma = \sqrt{5 \cdot ((1-2{,}3)^2 \cdot 0{,}2 + (2-2{,}3)^2 \cdot 0{,}3 + (3-2{,}3)^2 \cdot 0{,}5)} \approx 1{,}746$

**13** a) 18 ist am wahrscheinlichsten.

b) Aus der Tabelle bestimmt: $0{,}1171 + 0{,}1477 + 0{,}1595 + 0{,}1477 + 0{,}1171 = 0{,}6891$.

Näherungswert: $P(15 < S_5 \leqq 20) \approx \Phi\left(\frac{20-18}{\sqrt{6}}\right) - \Phi\left(\frac{15-18}{\sqrt{6}}\right) \approx \Phi(0{,}82) - \Phi(-1{,}22)$

$= 0{,}7939 - 0{,}1112 = 0{,}6827$.

S. 83

# Mathematische Exkursionen

**1**

| h | 1. Näherung | 2. Näherung | exakt | rel. Fehler 1. Näherung | rel. Fehler 2. Näherung |
|---|---|---|---|---|---|
| 0,2 | 3,261 938 19 | 3,316 303 83 | 3,320 116 92 | 1,752 3096 % | 0,114 848 1 % |
| 0,02 | 2,772 647 47 | 2,773 191 12 | 2,773 194 76 | 0,019 735 3 % | 0,000 131 3 % |
| 0,002 | 2,723 718 39 | 2,723 723 83 | 2,723 723 83 | 0,000 199 7 % | 0,000 000 1 % |

Die relativen Fehler der Näherungen werden umso kleiner, je kleiner h ist. Die zweite Näherung ist deutlich besser als die erste.

**2** a) Es gilt:
$a(0) = f(x) = b(0)$
$a'(0) = f'(x) = b'(0)$
$a''(0) = f''(x) = b''(0)$
b) Wertetabelle und Grafik:

| | für x = 0 | | für x = 1 | | für x = 2 | |
|---|---|---|---|---|---|---|
| h | a(h) | b(h) | a(h) | b(h) | a(h) | b(h) |
| −1 | 0,367 879 44 | 0,5 | 1 | 1,359 140 91 | 2,718 281 83 | 3,694 528 05 |
| −0,9 | 0,406 569 66 | 0,505 | 1,105 170 92 | 1,372 732 32 | 3,004 166 02 | 3,731 473 33 |
| −0,8 | 0,449 328 96 | 0,52 | 1,221 402 76 | 1,413 506 55 | 3,320 116 92 | 3,842 309 17 |
| −0,7 | 0,496 585 3 | 0,545 | 1,349 858 81 | 1,481 463 6 | 3,669 296 67 | 4,027 035 57 |
| −0,6 | 0,548 811 64 | 0,58 | 1,491 824 7 | 1,576 603 46 | 4,055 199 97 | 4,285 652 54 |
| −0,5 | 0,606 530 66 | 0,625 | 1,648 721 27 | 1,698 926 14 | 4,481 689 07 | 4,618 160 06 |
| −0,4 | 0,670 320 05 | 0,68 | 1,822 118 8 | 1,848 431 64 | 4,953 032 42 | 5,024 558 15 |
| −0,3 | 0,740 818 22 | 0,745 | 2,013 752 71 | 2,025 119 96 | 5,473 947 39 | 5,504 846 79 |
| −0,2 | 0,818 730 75 | 0,82 | 2,225 540 93 | 2,228 991 1 | 6,049 647 46 | 6,059 026 |
| −0,1 | 0,904 837 42 | 0,905 | 2,459 603 11 | 2,460 045 05 | 6,685 894 44 | 6,687 095 77 |
| 0 | 1 | 1 | 2,718 281 83 | 2,718 281 83 | 7,389 056 1 | 7,389 056 1 |
| 0,1 | 1,105 170 92 | 1,105 | 3,004 166 02 | 3,003 701 42 | 8,166 169 91 | 8,164 906 99 |
| 0,2 | 1,221 402 76 | 1,22 | 3,320 116 92 | 3,316 303 83 | 9,025 013 5 | 9,014 648 44 |
| 0,3 | 1,349 858 81 | 1,345 | 3,669 296 67 | 3,656 089 06 | 9,974 182 45 | 9,938 280 45 |
| 0,4 | 1,491 8247 | 1,48 | 4,055 199 97 | 4,023 057 11 | 11,023 176 4 | 10,935 803 |
| 0,5 | 1,648 721 27 | 1,625 | 4,481 689 07 | 4,417 207 97 | 12,182 494 | 12,007 216 2 |
| 0,6 | 1,822 118 8 | 1,78 | 4,953 032 42 | 4,838 541 65 | 13,463 738 | 13,152 519 9 |
| 0,7 | 2,013 752 71 | 1,945 | 5,473 947 39 | 5,287 058 16 | 14,879 731 7 | 14,371 714 1 |
| 0,8 | 2,225 540 93 | 2,12 | 6,049 647 46 | 5,762 757 48 | 16,444 646 8 | 15,664 798 9 |
| 0,9 | 2,459 603 11 | 2,305 | 6,685 894 44 | 6,265 639 61 | 18,174 145 4 | 17,031 774 3 |
| 1 | 2,718 281 83 | 2,5 | 7,389 056 1 | 6,795 704 57 | 20,085 536 9 | 18,472 640 2 |

Graphen siehe nächste Seite.

*S. 83* **2**

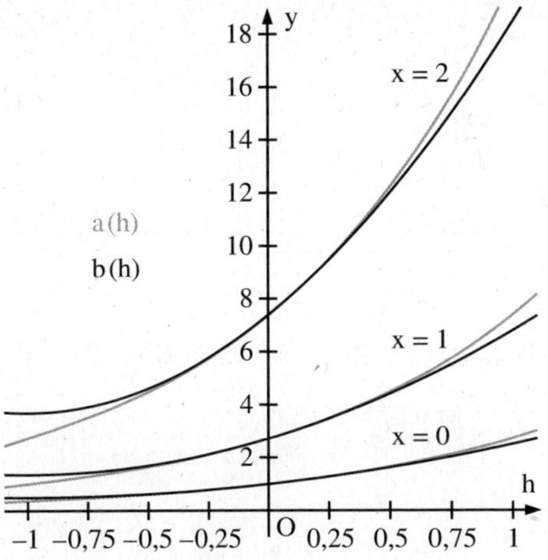


**3** a) Wenn f symmetrisch zur y-Achse ist, gilt $f'(0) = 0$.
Setzt man in der Gleichung $x \cdot f(x) + f'(x) = c$ den Wert $x = 0$ ein, so folgt
$0 \cdot f(0) + f'(0) = 0$, also $c = 0$.
b) Aus $x \cdot f(x) + f'(x) = 0$ folgt $\frac{f'(x)}{f(x)} = -x$, also $\int \frac{f'(x)}{f(x)} dx = \int -x\,dx$. Somit folgt
$\ln(f(x)) = e^{-\frac{x^2}{2}+d} = k \cdot e^{-\frac{x^2}{2}}$. Hierbei sind d und $k = e^d$ konstant.

# *IV Weitere Verteilungen*

## *1 Hypergeometrische Verteilung*

S. 87 **1** a) $\binom{5}{3} = 10$ b) $\frac{1}{10}$ c) $3 \cdot \frac{3}{5} \cdot \frac{2}{4} \cdot \frac{2}{3} = \frac{\binom{3}{2} \cdot \binom{2}{1}}{\binom{5}{3}} = 0{,}6$

S. 88 **2**

| | A | B | C |
|---|---|---|---|
| 1 | Hypergeometrische Verteilung | | |
| 2 | | | |
| 3 | N | M | n |
| 4 | 20 | 10 | 6 |
| 5 | | | |
| 6 | k | P(X=k) | P(X<=k) |
| 7 | 0 | 0,00541796 | 0,00541796 |
| 8 | 1 | 0,06501548 | 0,07043344 |
| 9 | 2 | 0,24380805 | 0,31424149 |
| 10 | 3 | 0,37151703 | 0,68575851 |
| 11 | 4 | 0,24380805 | 0,92956656 |
| 12 | 5 | 0,06501548 | 0,99458204 |
| 13 | 6 | 0,00541796 | 1 |
| 14 | | 1 | |

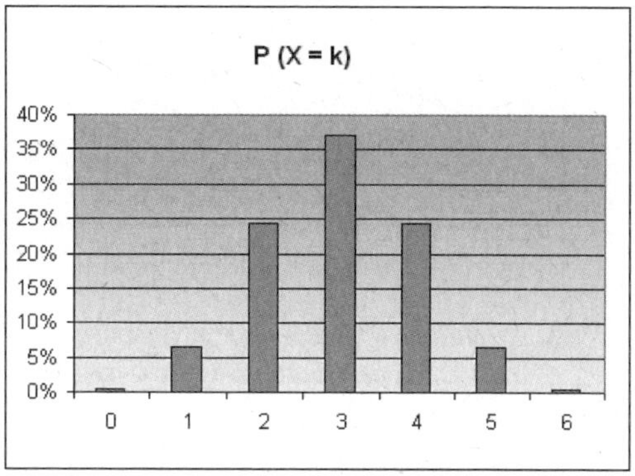


**3** a) 0,1022 b) 0,0144 c) 0,3814

**4** a) siehe Tabellen rechts
b) Bei etwa 100 Millionen Tipps kann man etwa $\frac{10^8}{\binom{49}{6}} \approx 7$-mal 6 Richtige erwarten.
Etwa $10^8 \cdot \frac{\binom{6}{0} \cdot \binom{43}{6}}{\binom{49}{6}} \approx 43{,}6$ Millionen werden gar keine Zahl richtig haben. Bei etwa 1,9 Millionen Tipps wird gewonnen.
c) Beim Lotto gibt es 44 Sechslinge und 258 Möglichkeiten für 5 Richtige.
d) 1 : 190 578 024 bzw. 1 : 43 949 268 (0,8053 bzw. 0,7463; 0,0003 bzw. 0,0008)
e) siehe Tabelle rechts.

Datei Bearbeiten Ansicht Einfügen Format Extras Daten Fenster ?

| A | B | C | D | E | F | G |
|---|---|---|---|---|---|---|
| Hypergeometrische Verteilung (6 aus 49) | | | | Hypergeometrische Verteilung (7 aus 38) | | |
| | | | | | | |
| N | M | n | | N | M | n |
| 49 | 6 | 6 | | 38 | 7 | 7 |
| | | | | | | |
| k | P(X=k) | | | k | P(X=k) | |
| 0 | 0,43596498 | | | 0 | 0,20836146 | |
| 1 | 0,41301945 | | | 1 | 0,40838847 | |
| 2 | 0,13237803 | | | 2 | 0,28273048 | |
| 3 | 0,0176504 | | | 3 | 0,08726249 | |
| 4 | 0,00096862 | | | 4 | 0,01246607 | |
| 5 | 1,845E-05 | | | 5 | 0,00077376 | |
| 6 | 7,1511E-08 | | | 6 | 1,7195E-05 | |
| | | | | 7 | 7,9238E-08 | |

| Klasse | I | II | III | IV |
|---|---|---|---|---|
| Wahrsch. | $7{,}15 \cdot 10^{-9}$ | $6{,}44 \cdot 10^{-8}$ | $4{,}29 \cdot 10^{-7}$ | $1{,}80 \cdot 10^{-5}$ |

| Klasse | V | VI | VII | VIII |
|---|---|---|---|---|
| Wahrsch. | $4{,}61 \cdot 10^{-5}$ | 0,00092 | 0,0013 | 0,0164 |

S. 89 **5** a) 0,00081 b) 0,0339 c) 0,0113 d) 0,0930

**6** a) X bezeichne die Anzahl der Personen mit Blutgruppe A+ in der Stichprobe. Die (korrekte) Lösung mit der hypergeometrischen Verteilung ergibt, auf 5 Dezimalstellen gerundet: I: $P(X \leqq 2) = \frac{\binom{33000}{0} \cdot \binom{67000}{10}}{\binom{100000}{10}} + \frac{\binom{33000}{1} \cdot \binom{67000}{9}}{\binom{100000}{10}} + \frac{\binom{33000}{2} \cdot \binom{67000}{8}}{\binom{100000}{10}} = 0{,}30699.$

Falls kein Rechner für Binomialkoeffizienten zur Verfügung steht, kann man folgendermaßen vorgehen: $P(X \leqq 2) = P(X = 0) + P(X = 1) + P(X = 2)$; dann kann z. B.

*S. 89* **6** berechnet werden: $P(X = 1) = 10 \cdot \frac{67000}{100000} \cdot \frac{66999}{99999} \cdot \ldots \cdot \frac{66992}{99992} \cdot \frac{33000}{99991}$. Damit wird deutlich, wie viel mehr Rechenaufwand die hypergeometrische Verteilung bedeutet.

$$\text{II: } P(X \leqq 2) = \frac{\binom{33}{0} \cdot \binom{67}{10}}{\binom{100}{10}} + \frac{\binom{33}{1} \cdot \binom{67}{9}}{\binom{100}{10}} + \frac{\binom{33}{2} \cdot \binom{67}{8}}{\binom{100}{10}} = 0{,}29478$$

b) Dagegen erhält man unter der (eigentlich falschen) Annahme, dass X binomialverteilt mit den Parametern $n = 10$ und $p = 0{,}33$ sei, in beiden Fällen:

$$P(X \leqq 2) = \binom{10}{0} \cdot 0{,}67^{10} + \binom{10}{1} \cdot 0{,}33^1 \cdot 0{,}67^9 + \binom{10}{2} \cdot 0{,}33^2 \cdot 0{,}67^8 = 0{,}30700.$$

Die Abweichung ist im Fall a) zu vernachlässigen, bei b) gering.
Den Grund sieht man am besten, wenn man ein Baumdiagramm zur Berechnung verwendet, denn in den 10 Stufen ändern sich durch das Herausnehmen der Stichprobe die Wahrscheinlichkeiten kaum. Bei b) machen sich die Änderungen schon etwas stärker bemerkbar. Im Fall $k = 0$ lässt sich diese Änderung gut überblicken:

a) $P(X = 0) = \frac{67000}{100000} \cdot \frac{66999}{99999} \cdot \frac{66998}{99998} \cdot \ldots \cdot \frac{66991}{99991} = 0{,}01822$

b) $P(X = 0) = \frac{67}{100} \cdot \frac{66}{99} \cdot \frac{65}{99} \cdot \ldots \cdot \frac{61}{91} = 0{,}01433$

**7** a), b), c) siehe Tabelle (Fig. 1) d) siehe Diagramm (Fig. 2)

e) Das Maximum liegt etwa bei $n \cdot \frac{M}{N}$, also bei dem Erwartungswert.

f) Bei der Grafik (Fig. 3) nimmt N von links nach rechts zu, ganz rechts die Binomialverteilung.

| k | P(X = k) | P(X ≦ k) |
|---|---|---|
| 0 | 7,6885 E–06 | 7,68846 E–06 |
| 1 | 0,00041005 | 0,00041774 |
| 2 | 0,0068171 | 0,007234844 |
| 3 | 0,04908315 | 0,056317995 |
| 4 | 0,17383616 | 0,230154154 |
| 5 | 0,31787183 | 0,548025987 |
| 6 | 0,29800484 | 0,846030831 |
| 7 | 0,1324466 | 0,978477428 |
| 8 | 0,02152257 | 1 |
| | 1 | |

Fig. 1

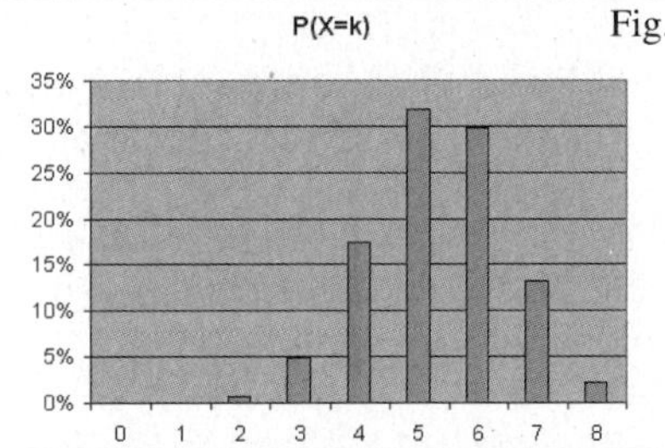

Fig. 2

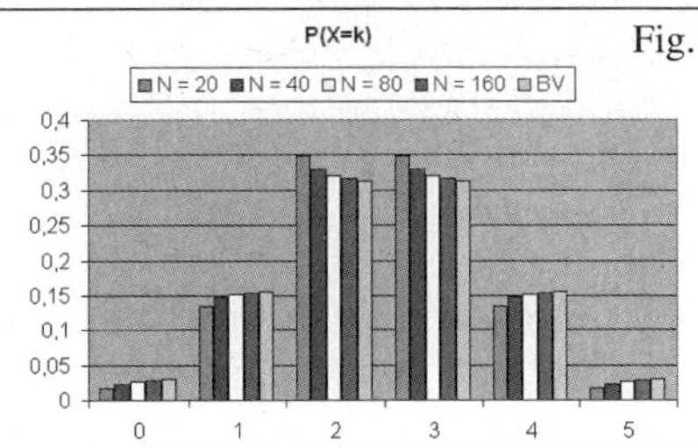

Fig. 3

**8** a) $E(X) = 0 \cdot \frac{N-M}{N} + 1 \cdot \frac{M}{N} = \frac{M}{N}$

b) Für jedes $X_k$ ist $E(X_k) = \frac{M}{N}$, da jede weiße Kugel mit Wahrscheinlichkeit $\frac{M}{N}$ beim k-ten Zug gezogen wird. Aus der Additivität des Erwartungswertes folgt dann wegen $X = \Sigma X_k$ die Behauptung.

## 2 POISSON-Verteilung

*S. 90* ***1*** X: Anzahl der Rosinen in einem Brötchen. X ist binomialverteilt mit $n = 10$ (20; 40) und $p = 0{,}1$ (0,05; 0,025).
für $n = 10$: $P(X = 0) = 0{,}3487$ $(0{,}3874;\ 0{,}1937;\ 10^{-10})$
für $n = 20$: $P(X = 0) = 0{,}3585$ $(0{,}3774;\ 0{,}1887;\ 10^{-8})$
für $n = 40$: $P(X = 0) = 0{,}3632$ $(0{,}3725;\ 0{,}1863;\ 4 \cdot 10^{-8})$

*S. 91* ***2*** Siehe Tabelle unten Fig. 1.

***3*** Siehe Diagramm unten Fig. 2.

| | A | B | C | D | E |
|---|---|---|---|---|---|
| 1 | Poissonverteilung | | | | |
| 2 | | | | | |
| 3 | | μ | μ | | |
| 4 | | 0,5 | 2,5 | | |
| 5 | | | | | |
| 6 | k | | | | |
| 7 | 0 | 0,60653066 | 0,082085 | | |
| 8 | 1 | 0,30326533 | 0,2052125 | | |
| 9 | 2 | 0,07581633 | 0,25651562 | | |
| 10 | 3 | 0,01263606 | 0,21376302 | | |
| 11 | 4 | 0,00157951 | 0,13360189 | | |
| 12 | 5 | 0,00015795 | 0,06680094 | | |
| 13 | | | | | |

Fig. 1

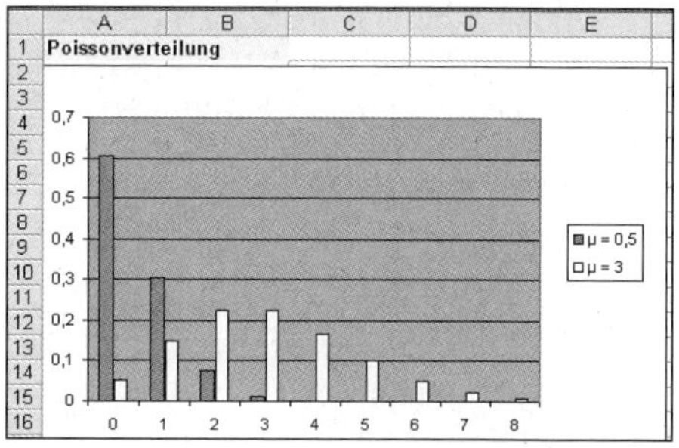


Fig. 2

***4*** a) Es liegt eigentlich eine Binomialverteilung mit den Parametern $n = 200$ und $p = \frac{1}{400}$ vor (200 Druckfehler werden auf 400 Seiten verteilt), die man aber gut durch eine POISSON-Verteilung mit Parameter $\mu = 0{,}5$ annähern kann.
b) $P(X \leqq 1) = 0{,}9098$ (mit POISSON-Verteilung berechnet)
c) $P(X \geqq 3) = 1 - P(X \leqq 2) = 0{,}0144$. Es wird etwa 6 Seiten mit mindestens drei Druckfehlern geben.

*S. 92* ***5*** $P(X = 0) = 0{,}1353$; $P(X = 1) = 0{,}2707$

***6*** Messung 1: 434 LKWs in 13 Stunden, also $\mu = 2{,}78$ LKWs in 5 min
Messung 2: 401 LKWs in 13 Stunden, also $\mu = 2{,}57$ LKWs in 5 min
(Ergebnisse von Messung 2 in Klammern)
$P(X > 4) = 1 - P(X \leqq 4) = 0{,}1492$ (0,1184); $P(X = 0) = 0{,}062$ (0,0765);
$P(X \leqq 1) = 0{,}2345$ (0,2732); $P(X = 3) = 0{,}2221$ (0,2165)

***7*** Es wurden in den 120 Minuten 266 Autos gezählt, Mittelwert $\mu = 2{,}22$ Autos pro Minute. Eine POISSON-Verteilung mit diesem Parameter, multipliziert mit 120 min, ergibt das nebenstehende Diagramm. Man sieht, dass die POISSON-Verteilung nur bei $k = 2$ und $k = 0$ relativ schlecht approximiert, sonst gut.

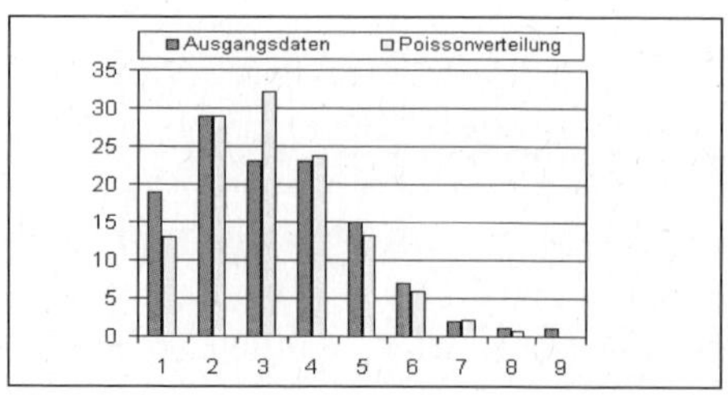

*S. 92* **8** X: Anzahl der Verkehrstoten unter den Einwohnern der Stadt. Unter der Annahme, dass X poissonverteilt ist, ergibt sich:

a) $\mu = \frac{61}{20} = 3{,}05$; $P(X \leqq 2) = 0{,}4121$  b) $\mu = \frac{207}{20} = 10{,}35$; $P(X \leqq 2) = 0{,}0021$

**9** X: Zahl der Kinder, die im ersten Lebensjahr sterben

a) $p \geqq 0{,}1$; $n = 50$; $\mu \geqq 5$; $P(X > 5) \geqq 0{,}384$

b) $p \leqq 0{,}015$; $n = 50$; $m \leqq 0{,}75$; $P(X > 5) \leqq 0{,}0001$

**10** X: Zahl der Tornados in einem Monat; $n = 23$ im Jahr 2000 (ausgezählt), d. h. $\mu = 1{,}92$ (pro Monat, im Mittel, s. u.)
$P(X \leqq 1) = 0{,}4281$; $P(X \geqq 3) = 0{,}3017$
Es muss dabei angenommen werden, dass die Tornados über die Monate gleich verteilt sind. Dies ist aber keineswegs der Fall, wie eine langjährige Statistik zeigt (siehe Figur rechts). Die obige Berechnung kann also nur als Mittelwert mit geringer Aussagekraft angesehen werden. (Quelle: `http://www.tordach.org`)

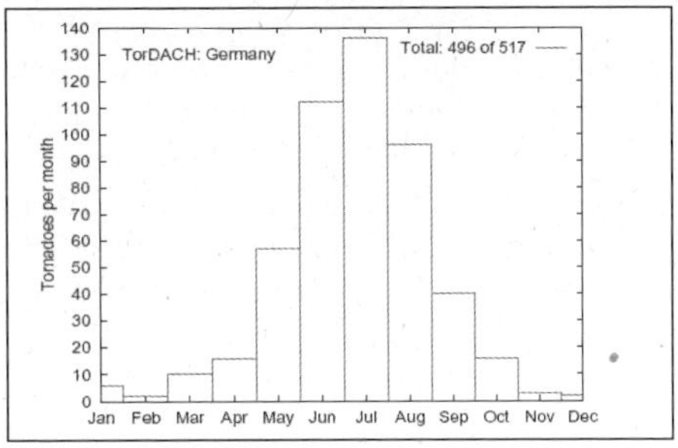


*S. 93* **11** X: Zahl der Spender mit Blutgruppe AB-minus unter n Spendern: $p = 0{,}01$; $\mu = np$.
Unter der Annahme, dass X poissonverteilt ist, ergibt sich:
Bedingung: $P(X \geqq 1) \geqq 0{,}5 \Leftrightarrow P(X = 0) \leqq 0{,}5 \Leftrightarrow e^{-\mu} \leqq 0{,}5 \Leftrightarrow \mu \geqq 0{,}6931 \Leftrightarrow$ $n \leqq 69{,}31$. Es müssen also mindestens 70 Spender Blut spenden. (Bei der entsprechenden Rechnung mit der Binomialverteilung ergeben sich mindestens 69 Spender.)

**12** a) siehe Diagramm rechts
b) 2,89 Tore pro Spiel
c) Eine POISSON-Verteilung mit Parameter $\mu = 2{,}89$ nähert die Torverteilung recht gut an, siehe Diagramm, bei dem die Wahrscheinlichkeiten der POISSON-Verteilung mit der Zahl der Spiele multipliziert sind. Nicht so gut angenähert sind die Spiele mit ein oder zwei Toren; es gab in dieser Saison offenbar ungewöhnlich viele Spiele mit zwei und wenige Spiele mit nur einem Tor.

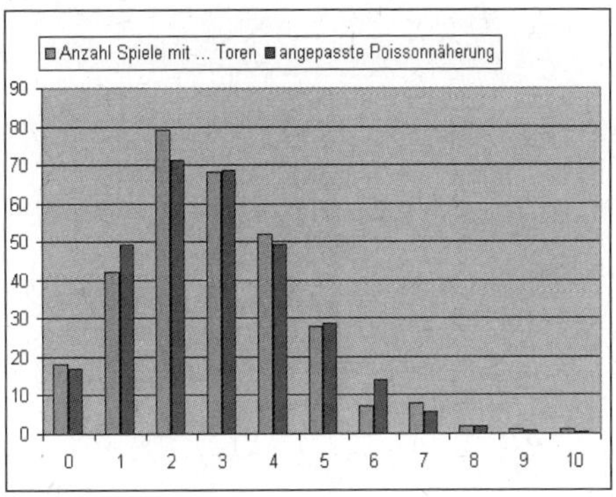


**13** $\mu = 2$ ($\mu = 4{,}5$). In der ersten Auflage stehen versehentlich falsche Werte für $\mu$ neben den Diagrammen.

S. 93 **14** X: Zahl der Impulse in einem 6-Sekunden-Intervall. Die Gesamtzahl der Impulse sei N. Man liest angenähert ab: Bei $n = 0$ gibt es 225 Impulse, bei $n = 1$ gibt es 345 Impulse. X ist poissonverteilt mit Parameter $\mu$. Also gilt $N \cdot e^{-\mu} = 225$; $N \cdot \mu \cdot e^{-\mu} = 345$. Das Gleichungssystem hat gerundet die Lösungen $\mu = 1{,}53$ und $N = 1040$. Damit ergeben sich die Werte in folgender Tabelle, die gut mit den Werten im Diagramm übereinstimmen.

| n | 0 | 1 | 2 | 3 | 4 | 5 | 6 | 7 | 8 |
|---|---|---|---|---|---|---|---|---|---|
| $N \cdot P(X = n)$ | 225 | 345 | 264 | 134 | 51 | 16 | 4 | 1 | 0 |

**15** Das Diagramm zeigt anschaulich anhand von POISSON-Verteilungen mit den Parametern $\mu = 2$ für Nichtanwenderinnen bzw. $\mu = 3$ und $\mu = 5$ für Anwenderinnen der Pille die Verteilung der Krankheitsfälle. Während bei den Nichtanwenderinnen z. B. sehr unwahrscheinlich mehr als 5 Fälle pro 10000 auftreten, ist das bei Anwenderinnen recht wahrscheinlich.

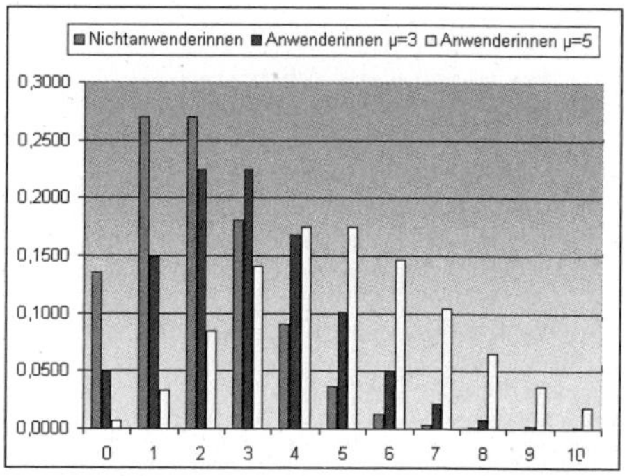


**16** X: Anzahl der Fluggäste, die nicht zum Flug erscheinen, angenähert poissonverteilt mit $\mu = 0{,}05 \cdot 200 = 10$. Der Platz reicht nicht aus mit Wahrscheinlichkeit $P(X \leqq 4) = 0{,}029$. In (nur) etwa drei von 100 (voll ausgebuchten) Flügen wird also der Platz nicht ausreichen. Dieses Risiko kann die Fluggesellschaft eingehen, da sie mit dieser Methode natürlich ihren Verdienst steigern kann.

**17** a) $\sum_{k=0}^{\infty} \frac{\mu^k}{k!} \cdot e^{-\mu} = e^{-\mu} \cdot \sum_{k=0}^{\infty} \frac{\mu^k}{k!} = e^{-\mu} \cdot e^{\mu} = 1$

b) $\sum_{k=0}^{\infty} k \cdot \frac{\mu^k}{k!} \cdot e^{-\mu} = \sum_{k=1}^{\infty} \mu \cdot \frac{\mu^{k-1}}{(k-1)!} \cdot e^{-\mu} = \mu \cdot e^{-\mu} \sum_{k=1}^{\infty} \mu \cdot \frac{\mu^{k-1}}{(k-1)!} = \mu \cdot e^{-\mu} \sum_{k=0}^{\infty} \frac{\mu^k}{k!} = \mu \cdot e^{-\mu} \cdot e^{\mu} = \mu$

Es gilt $V(X) = E(X^2) - \mu^2 = E(X^2 - X) + E(X) - \mu^2 = E(X \cdot (X-1)) + \mu - \mu^2$;

$E(X \cdot (X-1)) = \sum_{k=0}^{\infty} k \cdot (k-1) \cdot \frac{\mu^k}{k!} \cdot e^{-\mu} = \sum_{k=2}^{\infty} \mu^2 \cdot \frac{\mu^{k-2}}{(k-2)!} \cdot e^{-\mu} = \mu^2 \cdot e^{-\mu} \sum_{k=2}^{\infty} \frac{\mu^{k-2}}{(k-2)!} = \mu^2$;

also $V(X) = \mu^2 + \mu - \mu^2 = \mu$.

**18** Die Rekursionsformel für die POISSON-Verteilung lautet: $\frac{P(X = k)}{P(X = k-1)} = \frac{\mu}{k}$.
Daran erkennt kann: Wenn $k \leqq \mu$, dann ist $\frac{\mu}{k} \geqq 1$ und somit $P(X = k) \geqq P(X = k-1)$, d. h., die Wahrscheinlichkeiten werden mit wachsendem k größer. Umgekehrt werden bei $k \geqq \mu$ die Wahrscheinlichkeiten mit wachsendem k kleiner. Die wahrscheinlichste Anzahl von Erfolgen liegt also im Intervall $[k_0 - 1; k_0]$, das $\mu$ erhält. In diesem Intervall gilt $k_0 \geqq \mu$ und somit $\frac{\mu}{k_0} \leqq 1$. Daher liegt wegen der Rekursionsgleichung der wahrscheinlichste Wert bei $k_0 - 1$. Sonderfall: Wenn $\mu$ ganzzahlig ist, sind beide Werte bei $\mu$ und $\mu - 1$ gleich wahrscheinlich und am wahrscheinlichsten.

## 3 *Geometrische Verteilung*

S. 94 ***1*** a) $(1 - \frac{12}{37}) \cdot \frac{12}{37} \approx 0{,}2191$ $\left(\left(1 - \frac{12}{37}\right)^2 \cdot \frac{12}{37} \approx 0{,}148\right)$

b) $\left(1 - \frac{12}{37}\right)^3 \approx 0{,}3085$

c) Der Spieler muss dann in höchstens drei Spielen gewinnen. Die Wahrscheinlichkeit dafür ist $1 - \left(1 - \frac{12}{37}\right)^3 \approx 0{,}6915$.

S. 95 ***2*** a), b) individuelle Lösungen

c) $E(X) = \frac{1}{0{,}34} = 2{,}94$; $V(X) = \frac{(1-p)}{p^2} = 5{,}71$; $\sigma_x = 2{,}39$

***3*** 0,0341

***4*** 0,0804 (0,5981; 0,4823); Erwartungswert = 6

***5*** 0,0123 (0,5705; 0,4418); Erwartungswert = 36

***6*** 26-mal (164-mal)

***7*** a) $1 - 0{,}9^3 = 0{,}271$ oder $0{,}1 + 0{,}1 \cdot 0{,}9 + 0{,}1 \cdot 0{,}9^2$

b) 0,3 (er nimmt drei von zehn Schlüsseln) oder:

$\frac{1}{10} + \frac{9}{10} \cdot \frac{1}{9} + \frac{8}{9} \cdot \frac{1}{8} = \frac{3}{10}$ (Summe von geometrischen Wahrscheinlichkeiten)

***8*** Die Wahrscheinlichkeit für mindestens einen Sechser in 100 Tipps ist etwa $7{,}15 \cdot 10^{-6}$. Also ist der Erwartungswert für einen Sechser $\frac{1}{7{,}15 \cdot 10^{-6}} \approx 1{,}398 \cdot 10^5$ Wochen ≈ 2700 Jahre.

***9*** $E(X) = \sum_{k=1}^{\infty} k \cdot (1-p)^{k-1} \cdot p = p \cdot \sum_{k=1}^{\infty} k \cdot (1-p)^{k-1} = p \cdot \frac{1}{(1-(1-p))^2} = \frac{p}{p^2} = \frac{1}{p}$ $(p > 0)$

| k | 1 | 2 | 3 | 4 | 5 | 6 | 7 | 8 | 9 | 10 |
|---|---|---|---|---|---|---|---|---|---|---|
| P(X = k) | 0,4 | 0,24 | 0,144 | 0,0864 | 0,05184 | 0,031104 | 0,018662 | 0,011197 | 0,006718 | 0,004031 |
| P(Y = k) | | 0,16 | 0,192 | 0,1728 | 0,13824 | 0,10368 | 0,07465 | 0,052255 | 0,035832 | 0,024186 |

***10*** a) $p = 0{,}01105$ liefert $P(X = 10) = 0{,}01$; eine zweite Lösung liegt bei $p = 0{,}3195$. Da die Gleichung $(1-p)^9 \cdot p = 0{,}1$ keine Lösung im Intervall [0; 1] hat (siehe Graph der Funktion $p \mapsto (1-p)^9 \cdot p$; Fig. 1 auf der nächsten Seite), kann es nicht gelingen, p so zu wählen, dass $P(X = 10) = 0{,}1$ ist.

b) siehe Tabelle auf der nächsten Seite

c) `NEGBINOMVERT(K–2;2;P)` verwenden, $k > 1$

S. 95 **10** d) Wenn im k-ten Versuch der r-te Treffer auftreten soll, müssen in den k – 1 vorhergehenden Versuchen r – 1 Treffer auftreten. Das geht auf $\binom{k-1}{r-1}$ Arten, jeweils mit Wahrscheinlichkeit $(1-p)^{k-r} \cdot p^r$.

| k | 1 | 2 | 3 | 4 | 5 | 6 | 7 | 8 | 9 | 10 |
|---|---|---|---|---|---|---|---|---|---|---|
| P(X = k) | 0,4 | 0,24 | 0,144 | 0,0864 | 0,0518 | 0,0311 | 0,0187 | 0,0112 | 0,0067 | 0,004 |
| P(X ≦ k) | 0,4 | 0,64 | 0,784 | 0,8704 | 0,9222 | 0,9533 | 0,972 | 0,9832 | 0,9899 | 0,994 |
| P(X > k) | 0,6 | 0,36 | 0,216 | 0,1296 | 0,0778 | 0,0467 | 0,028 | 0,0168 | 0,0101 | 0,006 |

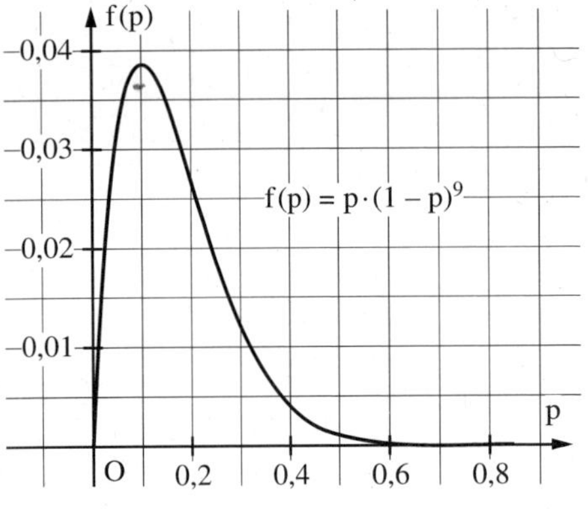

Fig. 1

## 4 *Exponentialverteilung*

S. 96 **1** a) Man legt z. B. mit einem CAS eine „Ausgleichskurve“ durch die Säulen oder legt durch zwei möglichst weit entfernte Punkte der Kurve den Graph einer Funktion vom Typ $f(x) = a \cdot e^{-kx}$. Die Kurven nähern die Ausgleichskurve gut an.
b) Bei so kurzen Wartezeiten ist zumindest bei sinnvollen Wörtern keine exponentielle Abnahme zu erwarten.

S. 97 **2** a) 0,3955; 0,2331; 0,6321; 0,3834
b) $\sigma_T = \frac{1}{\lambda} = 2$;
$P(|T - E(T)| \leqq k \cdot \sigma_T) = 0{,}8647$ (k = 1) bzw. 0,9502 (k = 2) bzw. 0,9817 (k = 3)
c) $1 - e^{-\lambda t} \leqq 0{,}9 \Leftrightarrow t \geqslant 4{,}6$

**3** $e^{-1} = 0{,}3679$

**4** $T_1$ bzw. $T_2$ beschreiben die Lebensdauer einer Normal- bzw. Sparlampe, Parameter $\lambda_1 = \frac{1}{1000}$, $\lambda_2 = \frac{1}{6000}$.
a) $P(T_1 > 3000) = 0{,}0498$; $P(T_2 > 3000) = 0{,}6065$
b) $P(1000 \leqq T_1 \leqq 6000) = 0{,}3654$; $P(1000 \leqq T_2 \leqq 6000) = 0{,}4786$

*S. 97* **5** T: Lebensdauer eines Iod-131-Teilchens.
Bestimmung von p aus der Halbwertszeit:
$1 - e^{-\lambda \cdot 8} = 0{,}5 \Leftrightarrow \lambda = 0{,}0866$; $P(T > 30) = 0{,}0743$; $P(T > t) = 0{,}1 \Leftrightarrow t = 26{,}58$

**6** a) $e^{-\lambda \cdot 54{,}2} = 0{,}5 \Leftrightarrow \lambda = 0{,}0128$; $f(t) = \lambda \cdot e^{-\lambda t}$
b) Ist n die Gesamtzahl der Zerfälle, so zerfallen in jeder Sekunde zur Zeit t etwa $n \cdot f(t)$ Teilchen. Man liest aus dem Diagramm ab, dass zur Zeit $t = 60\,s$ etwa 15 Zerfälle pro Sekunde registriert werden. Also gilt:
$n \cdot f(t) = n \cdot \lambda \cdot e^{-\lambda t} = 15 \Leftrightarrow n = \frac{15}{\lambda} e^{\lambda t} \approx 2500.$

*S. 98* **7** a) X sei eine gleichverteilte Zufallsvariable mit Werten aus [0; 1], d.h., X liefert jedes Teilintervall [a; b] von [0; 1] mit der Wahrscheinlichkeit b – a.
Man betrachte die Zufallsvariable $T = -\frac{1}{\lambda}\ln(1 - X)$.
Also gilt $X = 1 - e^{-\lambda T}$ und für beliebiges $t > 0$:
$P(T > t) = P\left(-\frac{1}{\lambda}\ln(1 - X) > t\right) = P(X > 1 - e^{-\lambda t}) = e^{-\lambda t}$,
da X gleichverteilt ist (siehe Fig. rechts). Also ist T exponentialverteilt.

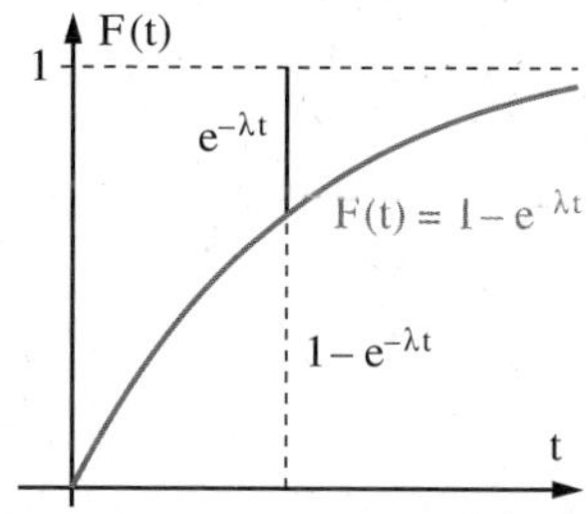


b) Bei 4 Jahren mittlerer Lebensdauer ist $\lambda = 0{,}25$. Man erzeugt in der linken Spalte A mit `=Zufallszahl()` z.B. 1000 in [0; 1] gleichverteilte Zufallszahlen. In der Spalte B werden gemäß der Formel exponentialverteilte Zufallszahlen erzeugt. Die Spalte C enthält Klassengrenzen (hier von 1 bis 21). In der Spalte D werden alle Zahlen aus Spalte B gezählt, die kleiner als die zugehörige Klassengrenze sind. Dies geschieht mit der Matrixfunktion `Häufigkeit(Zahlenbereich;Klassen)`. Zunächst ist in Spalte D der Bereich für die Häufigkeiten zu markieren. Dann wird mit dem Menüpunkt `Einfügen – Funktion` im Bereich `Statistik` die Funktion `Häufigkeit` eingefügt und die Parameter (Zufallszahlbereich `Bx:Bx+999` bzw. Klassengrenzen `Cx:Cx+21`) eingesetzt. Dann (wichtig!) Übergabe nicht mit `Eingabe`, sondern mit `Strg-Umschalt-Eingabe`. In Spalte E ist zum Vergleich noch die zugehörige Exponentialfunktion berechnet worden, und zwar bezüglich der Klassenmitten, also für $t = 0{,}5$; 1,5 usw.
Zusätzlich kann eine Grafik für die Daten in den Spalten D und E angefertigt werden, um die Güte der Simulation auf einen Blick zu sehen. Mit der Taste `F9` können dann immer neue Berechnungen vorgenommen werden.

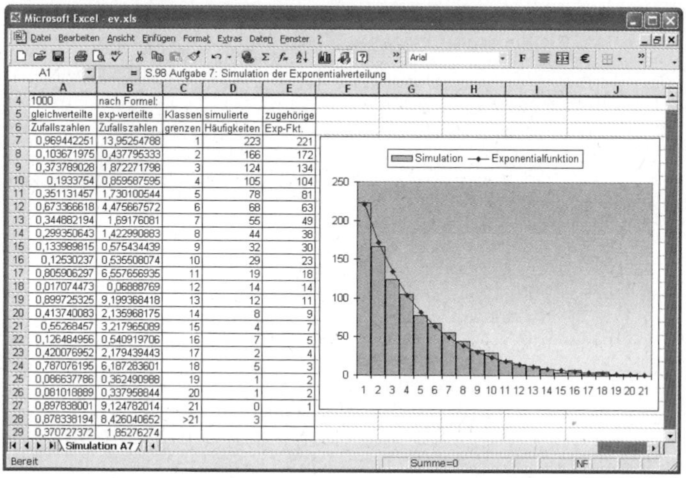


| | A | B | C | D | E |
|---|---|---|---|---|---|
| 4 | 1000 | nach Formel: | | | |
| 5 | gleichverteilte | exp-verteilte | Klassen | simulierte | zugehörige |
| 6 | Zufallszahlen | Zufallszahlen | grenzen | Häufigkeiten | Exp-Fkt. |
| 7 | 0,969442251 | 13,95254788 | 1 | 223 | 221 |
| 8 | 0,103671975 | 0,437795333 | 2 | 166 | 172 |
| 9 | 0,373789028 | 1,872271798 | 3 | 124 | 134 |
| 10 | 0,1933754 | 0,859587595 | 4 | 105 | 104 |
| 11 | 0,351131457 | 1,730100544 | 5 | 78 | 81 |
| 12 | 0,673366618 | 4,475667572 | 6 | 68 | 63 |
| 13 | 0,344882194 | 1,69176081 | 7 | 55 | 49 |
| 14 | 0,299350643 | 1,422990883 | 8 | 44 | 38 |
| 15 | 0,133989815 | 0,575434439 | 9 | 32 | 30 |
| 16 | 0,12530237 | 0,535508074 | 10 | 29 | 23 |
| 17 | 0,805906297 | 6,557656935 | 11 | 19 | 18 |
| 18 | 0,017074473 | 0,06888769 | 12 | 14 | 14 |
| 19 | 0,899725325 | 9,199368418 | 13 | 12 | 11 |
| 20 | 0,413740083 | 2,135968175 | 14 | 8 | 9 |
| 21 | 0,55268457 | 3,217965089 | 15 | 4 | 7 |
| 22 | 0,126484956 | 0,540919706 | 16 | 7 | 5 |
| 23 | 0,420076952 | 2,179439443 | 17 | 2 | 4 |
| 24 | 0,787076195 | 6,187283601 | 18 | 5 | 3 |
| 25 | 0,086637786 | 0,362490988 | 19 | 1 | 2 |
| 26 | 0,081018889 | 0,337958844 | 20 | 1 | 2 |
| 27 | 0,897838001 | 9,124782014 | 21 | 0 | 1 |
| 28 | 0,878338194 | 8,426040652 | >21 | 3 | |
| 29 | 0,370727372 | 1,85276274 | | | |

*S. 98* **8** a) Die Halbwertszeit beträgt etwa 4 (s), also ist $e^{-4\lambda} = 0{,}5 \Rightarrow \lambda = 0{,}17$.
Die zugehörige Exponentialverteilung $P(T > t) = e^{-\lambda t}$ ist mit EXCEL eingezeichnet.
b) $E(T) = 5{,}8$ (s) c) $P(T \leqq 10) = 0{,}8173$

| Zeit in s | rel. Häufigkeit | zugeh. Exponentialverteilung, $\lambda = 0{,}17$ |
|---|---|---|
| 0 | 1 | 1 |
| 3 | 0,53 | 0,600495579 |
| 6 | 0,4 | 0,36059494 |
| 9 | 0,24 | 0,216535667 |
| 12 | 0,14 | 0,130028711 |
| 15 | 0,09 | 0,078081666 |
| 18 | 0,05 | 0,046887695 |

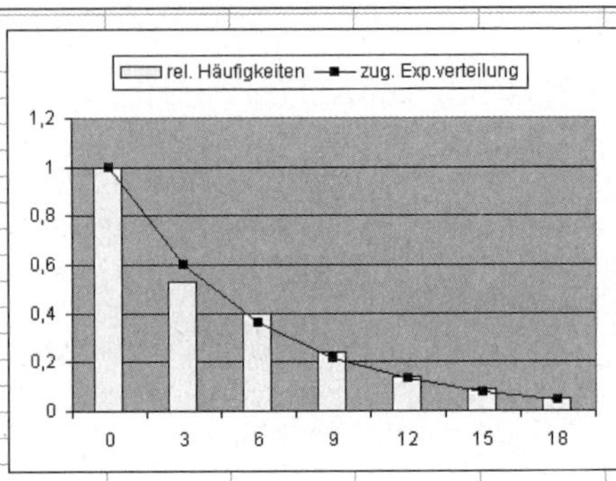


**9** $\int_0^n \lambda \cdot e^{-\lambda t} dt = \lambda \cdot \left[-\frac{1}{\lambda} e^{-\lambda t}\right]_0^n = [1 - e^{-\lambda n}]$. Daraus folgt mit $n \to \infty$ die Behauptung.

**10** a) $\int_0^n \lambda t \cdot e^{-\lambda t} dt$ ergibt durch partielle Integration

$$[-t \cdot e^{-\lambda t}]_0^n + \int_0^n e^{-\lambda t} dt = -n e^{-\lambda n} - \left[\frac{1}{\lambda} e^{-\lambda t}\right]_0^n = -n e^{-\lambda n} - \frac{1}{\lambda} e^{-\lambda n} + \frac{1}{\lambda} \to \frac{1}{\lambda} \text{ für } n \to \infty.$$

$\int_0^n \left(t - \frac{1}{\lambda}\right)^2 \lambda t \cdot e^{-\lambda t} dt = \int_0^n t^2 \lambda e^{-\lambda t} dt - \left(\frac{1}{\lambda}\right)^2$ ergibt durch partielle Integration

$$[-t^2 \cdot e^{-\lambda t}]_0^n + 2 \cdot \frac{1}{\lambda} \int_0^n \lambda t e^{-\lambda t} dt - \frac{1}{\lambda^2} \to 0 + \frac{2}{\lambda}\frac{1}{\lambda} - \frac{1}{\lambda^2} = \frac{1}{\lambda^2} \text{ für } n \to \infty.$$

b) $e^{-\lambda t} = 0{,}5 \Leftrightarrow t = -\frac{\ln 0{,}5}{\lambda} \approx \frac{0{,}69}{\lambda} \approx 0{,}69\, E(X)$.
Die großen Werte von t gehen bei der Erwartungswertberechnung stärker ein, daher ist $E(X)$ deutlich größer als die Halbwertszeit.

**11** a) Da T eine stetig verteilte Zufallsvariable ist, kann einer Stelle keine Wahrscheinlichkeit zugeordnet werden, sondern nur einem Intervall.
b) $f(t) \cdot \Delta t$ gibt etwa die Wahrscheinlichkeit an für $P(T \leqq t + \Delta t) - P(T \leqq t)$, denn nach dem Hauptsatz der Differenzial- und Integralrechnung gilt:
$\frac{P(T \leqq t + \Delta t) - P(T \leqq t)}{\Delta t} \approx f(t)$.

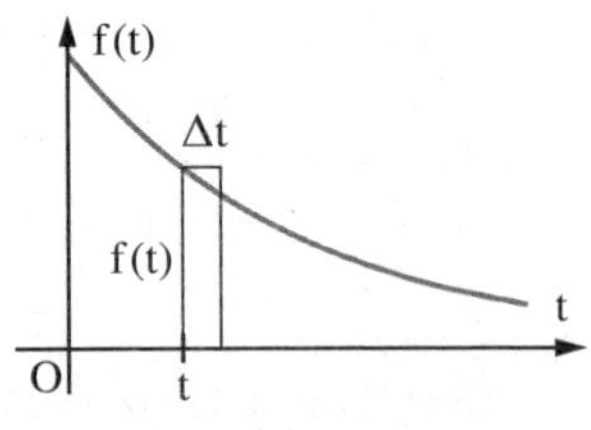


**12** Der Flächeninhalt $P(Y > t)$ entspricht dem Anteil von $P(X > t + t_0)$ an $P(X > t_0)$ (siehe Skizze), also
$P(Y > t) = \frac{P(X > t_0 + t)}{P(X > t_0)} = \frac{e^{-\lambda(t_0 + t)}}{e^{-\lambda t_0}} = e^{-\lambda t}$, denn $Y > t$ entspricht $X > t + t_0$. Also ist Y mit demselben Parameter exponentialverteilt.

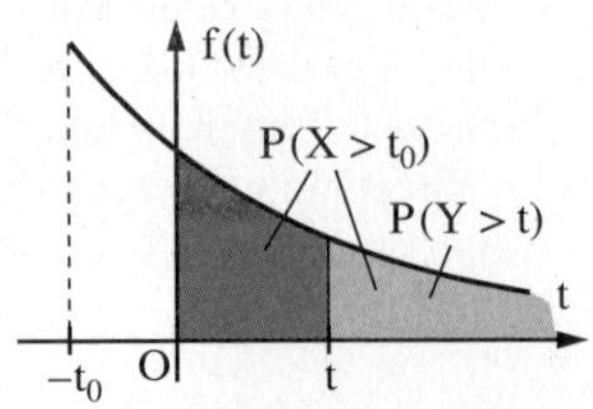

*S. 98* **13**

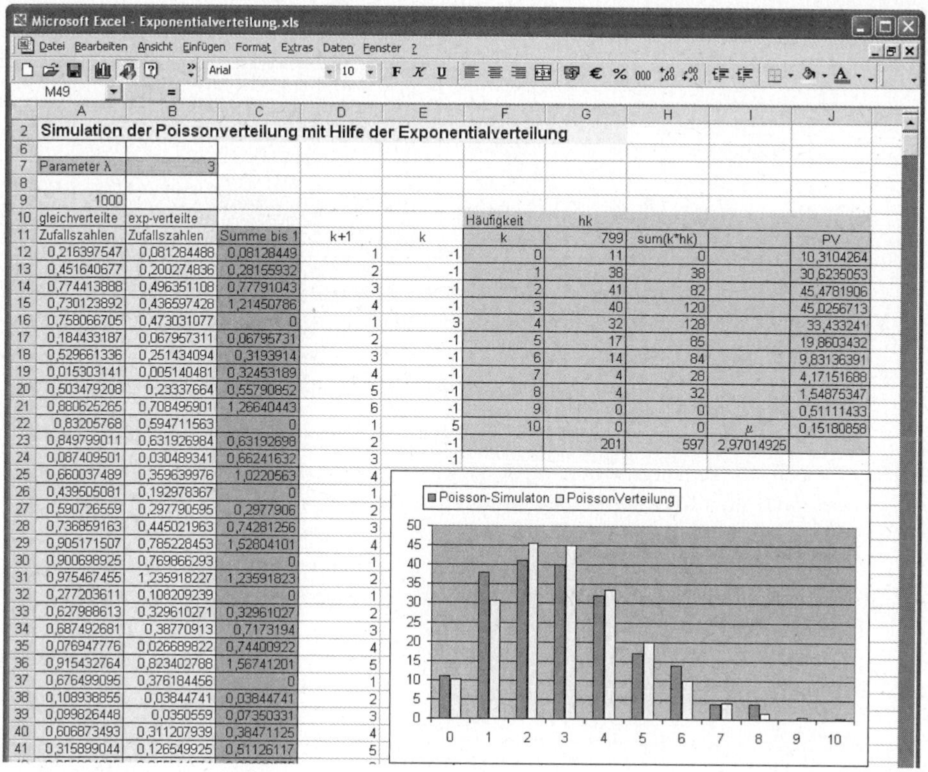


| | A | B | C | D | E | F | G | H | I | J |
|---|---|---|---|---|---|---|---|---|---|---|
| 2 | Simulation der Poissonverteilung mit Hilfe der Exponentialverteilung | | | | | | | | | |
| 6 | | | | | | | | | | |
| 7 | Parameter λ | 3 | | | | | | | | |
| 8 | | | | | | | | | | |
| 9 | 1000 | | | | | | | | | |
| 10 | gleichverteilte | exp-verteilte | | | | Häufigkeit | hk | | | |
| 11 | Zufallszahlen | Zufallszahlen | Summe bis 1 | k+1 | k | k | 799 | sum(k*hk) | | PV |
| 12 | 0,216397547 | 0,081284488 | 0,08128449 | 1 | -1 | 0 | 11 | 0 | | 10,3104264 |
| 13 | 0,451640677 | 0,200274836 | 0,28155932 | 2 | -1 | 1 | 38 | 38 | | 30,6235053 |
| 14 | 0,774413888 | 0,496351108 | 0,77791043 | 3 | -1 | 2 | 41 | 82 | | 45,4781906 |
| 15 | 0,730123892 | 0,436597428 | 1,21450786 | 4 | -1 | 3 | 40 | 120 | | 45,0256713 |
| 16 | 0,758066705 | 0,473031077 | 0 | 1 | 3 | 4 | 32 | 128 | | 33,433241 |
| 17 | 0,184433187 | 0,067957311 | 0,06795731 | 2 | -1 | 5 | 17 | 85 | | 19,8603432 |
| 18 | 0,529661336 | 0,251434094 | 0,3193914 | 3 | -1 | 6 | 14 | 84 | | 9,83136391 |
| 19 | 0,015303141 | 0,005140481 | 0,32453189 | 4 | -1 | 7 | 4 | 28 | | 4,17151688 |
| 20 | 0,503479208 | 0,23337664 | 0,55790852 | 5 | -1 | 8 | 4 | 32 | | 1,54875347 |
| 21 | 0,880625265 | 0,708495901 | 1,26640443 | 6 | -1 | 9 | 0 | 0 | | 0,51111433 |
| 22 | 0,83205768 | 0,594711563 | 0 | 1 | 5 | 10 | 0 | 0 | μ | 0,15180858 |
| 23 | 0,849799011 | 0,631926984 | 0,63192698 | 2 | -1 | | 201 | 597 | 2,97014925 | |
| 24 | 0,087409501 | 0,030489341 | 0,66241632 | 3 | -1 | | | | | |
| 25 | 0,660037489 | 0,359639976 | 1,0220563 | 4 | | | | | | |
| 26 | 0,439505081 | 0,192978367 | 0 | 1 | | | | | | |
| 27 | 0,590726559 | 0,297790595 | 0,2977906 | 2 | | | | | | |
| 28 | 0,736859163 | 0,445021963 | 0,74281256 | 3 | | | | | | |
| 29 | 0,905171507 | 0,785228453 | 1,52804101 | 4 | | | | | | |
| 30 | 0,900698925 | 0,769866293 | 0 | 1 | | | | | | |
| 31 | 0,975467455 | 1,235918227 | 1,23591823 | 2 | | | | | | |
| 32 | 0,277203611 | 0,108209239 | 0 | 1 | | | | | | |
| 33 | 0,627988613 | 0,329610271 | 0,32961027 | 2 | | | | | | |
| 34 | 0,687492681 | 0,38770913 | 0,7173194 | 3 | | | | | | |
| 35 | 0,076947776 | 0,026689822 | 0,74400922 | 4 | | | | | | |
| 36 | 0,915432764 | 0,823402788 | 1,56741201 | 5 | | | | | | |
| 37 | 0,676499095 | 0,376184456 | 0 | 1 | | | | | | |
| 38 | 0,108938855 | 0,03844741 | 0,03844741 | 2 | | | | | | |
| 39 | 0,099826448 | 0,0350559 | 0,07350331 | 3 | | | | | | |
| 40 | 0,606873493 | 0,311207939 | 0,38471125 | 4 | | | | | | |
| 41 | 0,315899044 | 0,126549925 | 0,51126117 | 5 | | | | | | |

Man erzeugt wie in Aufgabe 7 die Spalten A und B. In Spalte C wird die Summe der Werte in den B-Spalten berechnet; sie wird auf 0 gesetzt, falls die vorhergehende Summe mehr als 1 ist. Dies geschieht für die Zeile x mit dem Befehl =WENN(C(x–1)>1;0;C(x–1)+Bx). Die Spalten D (Befehl =WENN(Cx=0;1;D(x–1)+1)) und E (Befehl =WENN(Cx=0;D(x–1)–1;–1)) enthalten die benötigten Werte für die gesuchten ganzen Zahlen k. Spalte F enthält Werte (hier von 0 bis 10) für k-Werte der zu simulierenden POISSON-Verteilung. In Spalte G wird jeweils die Häufigkeit $h_k$ der nicht negativen k-Werte aus Spalte E gezählt. Das geschieht mit der Matrix-Funktion HÄUFIGKEIT(Zahlenbereich;Klassen). Zunächst ist in Spalte G der Bereich für die Häufigkeiten (hier von G7 bis G17) zu markieren. Dann wird mit dem Menüpunkt Einfügen–Funktion im Bereich Statistik die Funktion HÄUFIGKEIT eingefügt und die Parameter (hier E7:E1006 bzw. F7:F17) eingesetzt. Dann (wichtig!) Übergabe nicht mit Enter, sondern mit Strg-Umschalt-Enter. In Spalte H wird die Summe aller $k \cdot h_k$ berechnet. In G18 bzw. H18 stehen die Spaltensummen. Der Parameter μ in I18 ergibt sich als Quotient von H18 und G18. Schließlich ist in Spalte J mit dem Befehl =POISSON(Fx;$I$18;0)*$G$18 noch die POISSON-Verteilung zum Parameter μ berechnet und mit der Gesamtzahl G18 multipliziert, damit man in dem Diagramm (Reihen G7:G17 bzw. J7:J17) Simulation und zugehörige Verteilung vergleichen kann. Mit der Taste F9 können dann immer neue Berechnungen vorgenommen werden.

S. 99 **14** a)

| X: exponentialverteilt | | | Z: geometrisch verteilt (durch Aufrunden aus X entstanden) | | | | |
|---|---|---|---|---|---|---|---|
| λ | $\mu_X$ | $\sigma_X$ | q | p | $\mu_Z$ | $\sigma_Z$ | $\mu_Z - \mu_X$ |
| 10 | 0,1 | 0,1 | 0,000 05 | 0,999 95 | 1,000 05 | 0,006 74 | 0,900 05 |
| 1 | 1 | 1 | 0,367 88 | 0,632 12 | 1,581 98 | 0,959 52 | 0,581 98 |
| 0,5 | 2 | 2 | 0,606 53 | 0,393 47 | 2,541 49 | 1,979 32 | 0,541 49 |
| 0,1 | 10 | 10 | 0,904 84 | 0,095 16 | 10,508 33 | 9,995 83 | 0,508 33 |
| 0,01 | 100 | 100 | 0,990 05 | 0,009 95 | 100,500 83 | 99,999 58 | 0,500 83 |
| 0,001 | 1000 | 1000 | 0,999 00 | 0,001 00 | 1000,500 08 | 999,999 96 | 0,500 08 |

b) Plausibel ist, dass wegen des Aufrundens $\mu_Z > \mu_X$ gilt. Da man im Mittel um 0,5 aufrundet, ist auch die Grenzwertaussage plausibel. Das ergibt sich auch formal aus dem Graph der Exponentialfunktion: $e^{-\lambda} \geqq 1 - \lambda$. Damit erhält man
$\mu_Z = \frac{1}{p} = \frac{1}{1-q} = \frac{1}{1-e^{-\lambda}} \geqq \frac{1}{\lambda} = \mu_X$. Es gilt nach den Regeln von DE L'HOSPITAL:
$\lim\limits_{\lambda \to 0} (\mu_Z - \mu_X) = \lim\limits_{\lambda \to 0} \frac{\lambda + e^{-\lambda} - 1}{\lambda - \lambda e^{-\lambda}} = \lim\limits_{\lambda \to 0} \frac{1 - e^{-\lambda}}{1 - e^{-\lambda} + \lambda e^{-\lambda}} = \lim\limits_{\lambda \to 0} \frac{e^{-\lambda}}{2e^{-\lambda} - \lambda e^{-\lambda}} = \frac{1}{2}$.
c) Wegen $q = e^{-\lambda}$ ergibt sich aus folgenden Äquivalenzformungen, dass die Säulenoberkanten stets über dem Graphen von f liegen:
$pq^{t-1} > \lambda e^{-\lambda t} \Leftrightarrow pq^{t-1} > \lambda q^t \Leftrightarrow p > \lambda q \Leftrightarrow 1 - q > \lambda q \Leftrightarrow q(1 + \lambda) < 1 \Leftrightarrow$
$1 + \lambda < \frac{1}{q} = e^{\lambda}$. Dabei ergibt sich die letzte Beziehung wieder aus dem Graph der Exponentialfunktion. Außerdem ergibt sich für $\lambda = 0{,}3$ (s. o.) $\mu_Z - \mu_X = 0{,}525$.
d) $p = \lambda \Rightarrow q = 1 - \lambda = 0{,}7$
e) $\lambda = 0{,}1$

Diagramm entsprechend Fig. 1:

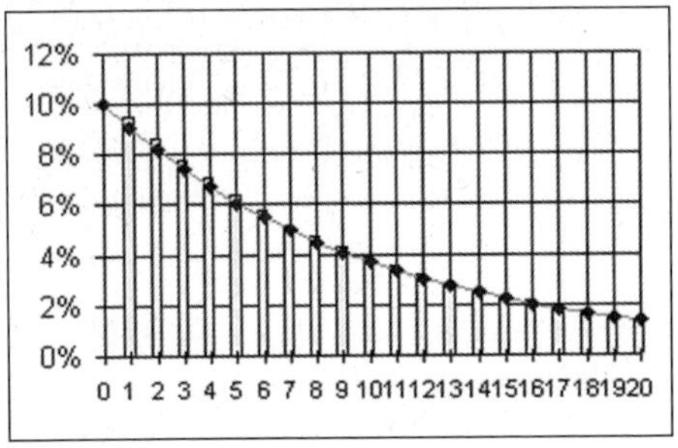


Diagramm entsprechend Fig. 2:

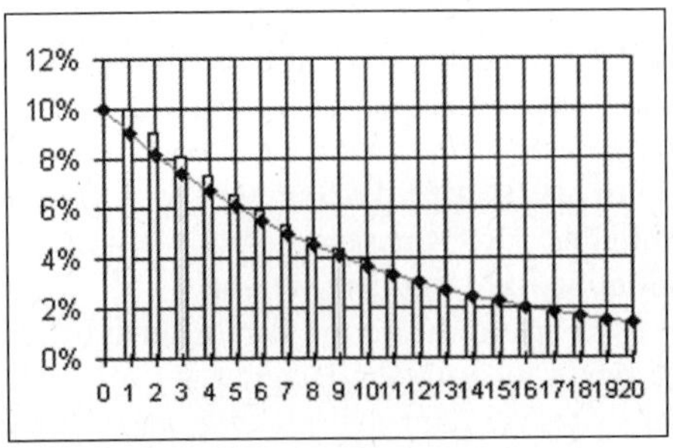


$\lambda = 1$

Diagramm entsprechend Fig. 1:

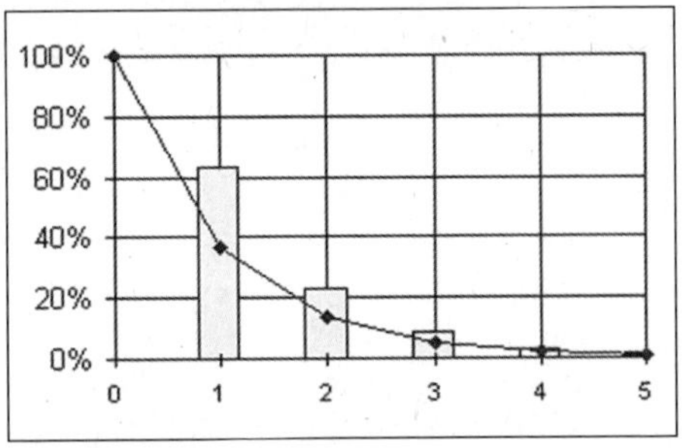


Diagramm entsprechend Fig. 2:

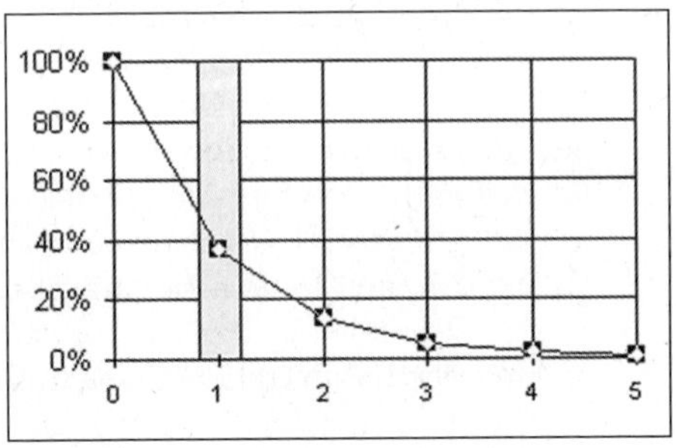


f) Für $\lambda = 0{,}01$: Telemax $\mu_Z = 100{,}5$; Supertele $\mu_X = 100$. Ersparnis: 0,05 %
Die Ersparnisse für $\lambda = 0{,}1$ (1; 10) betragen 4,8 % (36,8 %; 90 %).

# 5 *Vermischte Aufgaben*

*S. 100* **1** Siehe unten Fig. 1.

**2** Siehe unten Fig. 2.

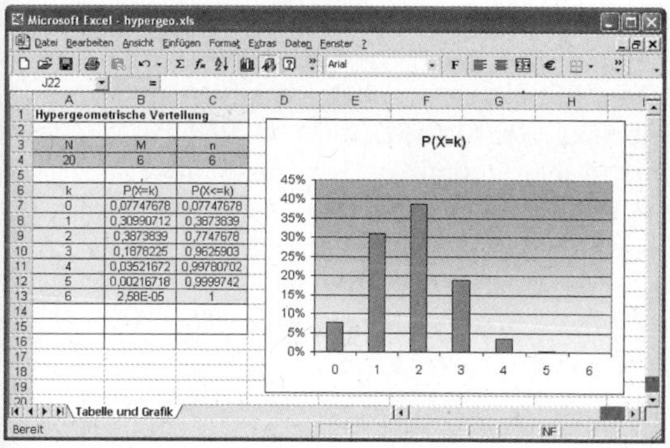


Fig. 1

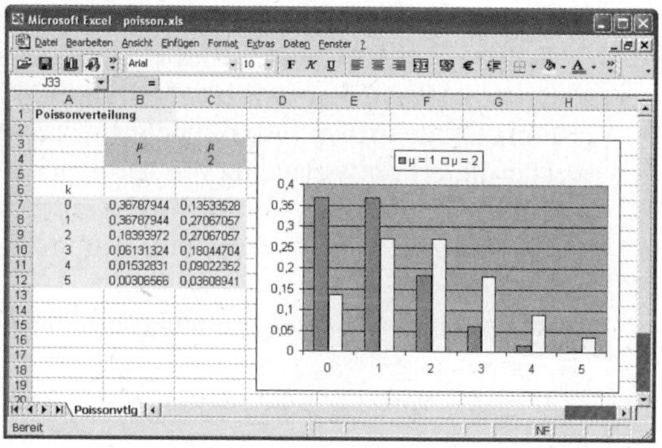


Fig. 2

**3**

| k | 1 | 2 | 3 | 4 | 5 |
|---|---|---|---|---|---|
| $P(X = k)$ | 0,3 | 0,21 | 0,147 | 0,1029 | 0,072 |
| $P(X \leqq k)$ | 0,3 | 0,51 | 0,657 | 0,7599 | 0,8319 |
| $P(X > k)$ | 0,7 | 0,49 | 0,343 | 0,2401 | 0,1681 |

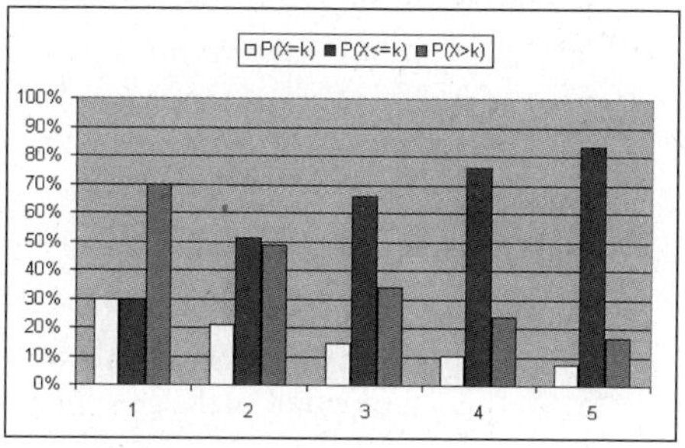


Fig. 3

**4** a) $e^{-0,1} - e^{-0,2} = 0,0861$ $(e^{-1} - e^{-2} = 0,2325)$
b) $1 - e^{-0,2} = 0,1813$ $(1 - e^{-2} = 0,8647)$
c) $e^{-0,1} = 0,9048$ $(e^{-1} = 0,3679)$
d) $P(T > 10) = e^{-1} = 0,3679$ $(P(T > 1) = e^{-1} = 0,3679)$

**5** 0,096 (0,936; 0,16)

**6** a) 0,0316 b) 0,3368 c) 0,6316

**7** a) Es liegt eigentlich eine Binomialverteilung mit den Parametern $n = 300$ und $p = \frac{1}{400}$ vor, die man aber gut durch eine POISSON-Verteilung mit Parameter $\mu = 0,75$ annähern kann.
b) 0,4724 (mit POISSON-Verteilung berechnet)
c) 0,1734 (mit POISSON-Verteilung berechnet)

**8** 0,0670 (0,6651; 0,4019) Erwartungswert = 6

**9** T beschreibe die Lebensdauer des Bauteils, Parameter $\lambda = \frac{1}{8}$.
a) $P(T > 10) = 0,2865$ b) $P(T \geqq 8) = 0,3679$ c) $P(5 \leqq T \leqq 10) = 0,2488$

*S. 100* **10** a) Binomialverteilung mit $n = 49$ und $p = \frac{6}{49}$
b) Die Abweichungen entstehen, weil die Binomialverteilung auf Ziehen mit Zurücklegen beruht, was aber beim Ziehen der Lottozahlen nicht richtig ist. Die Abweichungen sind gering, weil relativ zu n wenige Kugeln gezogen werden (vgl. S. 89, Aufgabe 6).

*S. 101* **11** a) Man kann näherungsweise mit der POISSON-Näherung rechnen, Parameter $\mu = 0{,}7$.
X beschreibe die Zahl der Erkrankten unter zehn Untersuchten.
$P(X > 1) = 1 - P(X = 0) - P(X = 1) = 0{,}1558$. Rechnung mit der hypergeometrischen Verteilung (Parameter $n = 10$; $N = 1\,000\,000$; $M = 70\,000$) bzw. mit Binomialverteilung (Parameter $n = 10$; $p = 0{,}07$) liefert fast dasselbe Ergebnis 0,1517.
b) Hier liefert die Rechnung mit der hypergeometrischen Verteilung (Parameter $n = 10$; $N = 100$; $M = 7$) den Wert 0,1443, während die Binomialverteilung (Parameter $n = 10$; $p = 0{,}07$) und POISSON-Verteilung (Parameter $\mu = 0{,}7$) fast dasselbe Ergebnis wie in Teil a) liefern.
Trotz der kleinen Grundgesamtheit bei b) ist die Abweichung gegenüber a) gering.

**12** a) POISSON-Verteilung mit Parameter $\mu = 12$ liefert $P(X = 8) = \frac{12^8}{8!}e^{-12} = 0{,}065\,523$, also könnte die Zufallsgröße poissonverteilt sein.
b) Eine Binomialverteilung könnte auch vorliegen, wenn der Parameter n ausreichend groß ist. Bei $n = 100$ (200; 400) ergibt sich mit $p = \frac{\mu}{n}$ z.B. $P(X = 8) = 6{,}25\,\%$ (6,41 %; 6,48 %). Die Werte sind näherungsweise richtig und nähern sich für noch größere n dem Wert der POISSON-Verteilung. Für große n könnte X also binomialverteilt sein, aber dann ist die POISSON-Näherung einfacher zu berechnen.

**13** a) Z.B. ist die Wahrscheinlichkeit für den, der als Dritter zieht, Protokollführer zu werden: $\frac{9}{10} \cdot \frac{8}{9} \cdot \frac{1}{8} = \frac{1}{10}$. Die gleiche Wahrscheinlichkeit ergibt sich für alle anderen. Sie ist ebenso groß wie die Wahrscheinlichkeit, „mit Zurücklegen“ zu ziehen.
b) Zurücklegen wäre nicht geschickter, denn im Mittel würde es viel länger dauern.

**14** a) $\mu \approx 1 \cdot 0{,}42 + 2 \cdot 0{,}2 + 3 \cdot 0{,}05 + 4 \cdot 0{,}01 = 1{,}01 \approx 1$ (mit abgelesenen Werten berechnet). Da $\mu = n \cdot \frac{M}{N}$, folgt daraus $M = 20$.
Alternative mithilfe der Binomialverteilung: $P(X = 0) \approx (1 - p)^n \approx 0{,}33$ (abgelesen).
Daraus ergibt sich $p \approx 0{,}2$; also $M \approx 0{,}2N$; $M \approx 20$.
b) Die Näherung ist passabel, die Faustregel $n \leqq \frac{N}{10}$ ist gerade erfüllt.

**15** a) T beschreibe die Lebensdauer eines Cs-Atoms, T ist exponentialverteilt. Es gilt $P(T > 30) = 0{,}5$; also $e^{-30\lambda} = 0{,}5$; also $\lambda = 0{,}0231$. Damit gilt z.B. im Jahre 2006: $P(T > 20) = e^{-20\lambda} = 0{,}6300$. Also sind noch 63 % aktiv.
b) $P(T > t) = 0{,}01 \Leftrightarrow e^{-\lambda t} = 0{,}01 \Leftrightarrow t = 199$. Nach etwa 200 Jahren beträgt die Aktivität nur noch etwa 1 %.

**16** Bezeichnung wie bei EXCEL HV(k,n,M,N), d.h. hypergeometrische Verteilung mit den Parametern k (Zahl der weißen Kugeln bei der Ziehung), n (Zahl der gezogenen Kugeln), M (Zahl der weißen Kugeln in der Urne vor der Ziehung), N (Zahl der Kugeln in der Urne vor der Ziehung)

*S. 101* **16** a) HV(1,3,3,7) = 0,5143; HV(1,3,3,8) = 0,5357; also waren eher 5 schwarze Kugeln in der Urne.

b) HV(2,3,3,7) = 0,3429; HV(2,3,3,8) = 0,2679; also waren eher 4 schwarze Kugeln in der Urne.

**17** a) $\frac{P(X=1)}{P(X=0)} = \frac{\binom{M}{1}\binom{N-M}{n-1}}{\binom{M}{0}\binom{N-M}{n}} = M \cdot \frac{(N-M)!}{(n-1)! \cdot (N-M-n+1)!} \cdot \frac{n! \cdot (N-M-n)!}{(N-M)!}$

$= M \cdot \frac{n!}{(n-1)!} \cdot \frac{(N-M-n)!}{(N-M-n+1)!} = M \cdot n \cdot \frac{1}{N-M-n+1}$

b) $\frac{P(X=k)}{P(X=k-1)} = \frac{\binom{M}{k}\binom{N-M}{n-k}}{\binom{M}{k-1}\binom{N-M}{n-k+1}}$

$= \frac{M!}{k! \cdot (M-k)!} \cdot \frac{(k-1)! \cdot (M-k+1)!}{M!} \cdot \frac{(N-M)!}{(n-k)! \cdot (N-M-n+k)!} \cdot \frac{(n-k+1)! \cdot (N-M-n+k-1)!}{(N-M)!}$

$= \frac{M-k+1}{k} \cdot \frac{n-k+1}{N-M-n+k}$ nach entsprechendem Kürzen.

c) $P(X=0) = \frac{75}{100} \cdot \frac{74}{99} \cdot \frac{73}{98} \cdot \frac{72}{97} \cdot \frac{71}{96} \cdot \frac{70}{95} = 0{,}1689$. Daraus ergeben sich die Werte:

| k | 1 | 2 | 3 | 4 | 5 | 6 |
|---|---|---|---|---|---|---|
| P(X = k) | 0,362 | 0,3059 | 0,1303 | 0,0294 | 0,0033 | 0,0001 |

d) $\frac{M-k+1}{N-M-n+k} \approx \frac{M}{N-M} = \frac{\frac{M}{N}}{1-\frac{M}{N}} = \frac{p}{1-p}$. Damit ergibt sich die Behauptung.

# *Mathematische Exkursionen*

## Wahrscheinlichkeitsverteilung bei Permutationen

*S. 102* **1** Mit der Wahrscheinlichkeit $1 - \frac{11}{30} = \frac{19}{30}$ (vgl. Beispiel), d.h. mit etwa 63 % Wahrscheinlichkeit gelangt mindestens ein Brief in den richtigen Umschlag.

**2** Alle Auszüge werden bei bloßem Raten richtig zugeordnet mit der Wahrscheinlichkeit $P_5(5) = \frac{1}{5!}$, also etwa 0,83 %. Vier der fünf Auszüge werden richtig zugeordnet mit der Wahrscheinlichkeit 0, denn wenn vier richtig zugeordnet sind, dann muss auch der fünfte Auszug richtig zugeordnet sein. Drei der fünf Auszüge werden richtig zugeordnet mit der Wahrscheinlichkeit $P_5(3) = \frac{10}{5!}$, also etwa 8,3 %.

Hier ist die Näherung mit der POISSON-Verteilung zu ungenau, vgl. Aufgabe 3.

*S. 103* **3** a) Mit der Formel von EULER ergibt sich für $x = -1$: $P_n(k) = \frac{1}{k!} \sum_{i=0}^{n-k} \frac{(-1)^i}{i!} \approx \frac{1}{k!} e^{-1}$.

Die Güte der Näherung erkennt man an der Tabelle (s. nächste Seite) für den Fall $k = 0$, die mit einem CAS erstellt wurde. Dabei bedeuten $u_1 = n! \cdot P_n(0)$; $u_2 = \frac{n!}{e}$.

*S. 103* **3** b) Das heißt insbesondere, dass bei dem obigen Spiel mit den Farben (fast) unabhängig von der Farbenzahl n die Wahrscheinlichkeit $P_n(0)$, keinen Treffer zu erzielen, etwa $\frac{1}{e}$ beträgt. Das lässt sich anwenden auf viele Beispiele, etwa die in Aufgabe 1, 2 und 4.

| n | u1 | u2 |
|---|---|---|
| 1.0000 | 0.0000 | .3679 |
| 2.0000 | 1.0000 | .7358 |
| 3.0000 | 2.0000 | 2.2073 |
| 4.0000 | 9.0000 | 8.8291 |
| 5.0000 | 44.000 | 44.146 |
| 6.0000 | 265.00 | 264.87 |
| 7.0000 | 1854.0 | 1854.1 |
| 8.0000 | 14833. | 14833. |

u2(n)=14832.899068033

**4** Das Spiel ist nicht fair, denn der Spieler gewinnt nur mit einer Wahrscheinlichkeit von etwa $\frac{1}{e}$, also etwa 37 %.

**5**

Microsoft Excel - Permutationen.xls

| | A | B | D | E | F | G | H | I | J | K | L | M | N |
|---|---|---|---|---|---|---|---|---|---|---|---|---|---|
| 1 | Wahrscheinlichkeiten bei Permutationen | | | | | | | | | | | | |
| 2 | | k | 0 | 1 | 2 | 3 | 4 | 5 | 6 | 7 | 8 | 9 | 10 |
| 3 | n | fn | | | | | | | | | | | |
| 4 | 0 | 1 | 1 | | | | | | | | | | |
| 5 | 1 | 0 | 0 | 1 | | | | | | | | | |
| 6 | 2 | 1 | 0,5 | 0 | 0,5 | | | | | | | | |
| 7 | 3 | 2 | 0,3333 | 0,5 | 0 | 0,1667 | | | | | | | |
| 8 | 4 | 9 | 0,375 | 0,3333 | 0,25 | 0 | 0,0417 | | | | | | |
| 9 | **5** | **44** | **0,3667** | **0,375** | **0,1667** | **0,0833** | **0** | **0,0083** | | | | | |
| 10 | 6 | 265 | 0,3681 | 0,3667 | 0,1875 | 0,0556 | 0,0208 | 0 | 0,0014 | | | | |
| 11 | 7 | 1854 | 0,3679 | 0,3681 | 0,1833 | 0,0625 | 0,0139 | 0,0042 | 0 | 0,0002 | | | |
| 12 | 8 | 14833 | 0,3679 | 0,3679 | 0,184 | 0,0611 | 0,0156 | 0,0028 | 0,0007 | 0 | 2E-05 | | |
| 13 | 9 | 133496 | 0,3679 | 0,3679 | 0,1839 | 0,0613 | 0,0153 | 0,0031 | 0,0005 | 1E-04 | 0 | 3E-06 | |
| 14 | **10** | **1334961** | **0,3679** | **0,3679** | **0,1839** | **0,0613** | **0,0153** | **0,0031** | **0,0005** | **7E-05** | **1E-05** | **0** | **3E-07** |
| 15 | | | | | | | | | | | | | |
| 16 | | **Näherung:** | **0,3679** | **0,3679** | **0,1839** | **0,0613** | **0,0153** | **0,0031** | **0,0005** | **7E-05** | **9E-06** | **1E-06** | **1E-07** |

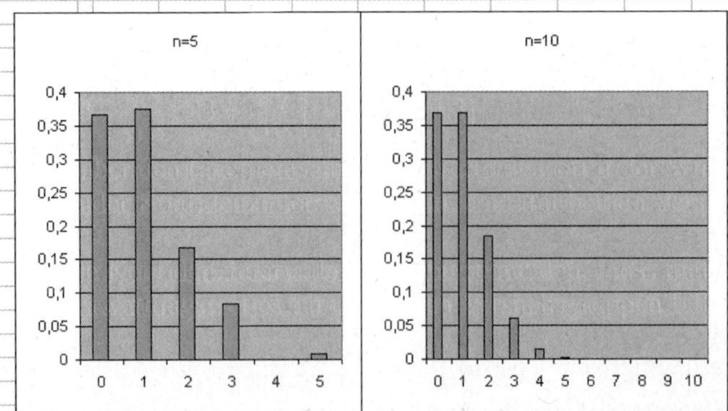


a) Siehe Tabelle. Bemerkung: Die Rekursion kann auch schon mit den Startwerten $f_0 = 0$ und $f_1 = 1$ begonnen werden, vgl. Bemerkung zu $f_0$ im Lehrtext, Beweis des Satzes.

b) Siehe Tabelle. Bei $n = 5$ ist die Näherung nur für $k = 0$, bestenfalls noch für $k = 1$ brauchbar. Für $n = 10$ ist die Näherung ausgezeichnet.

c) siehe oben.

*S. 103* **Zusätzlich ist folgende experimentelle Aufgabe möglich:**

a) Führen Sie das Spiel mit den Karten in Ihrem Kurs durch. Lassen Sie vorher schätzen, bei wie viel Prozent der Schüler gar keine Treffer (ein Treffer, zwei, drei, vier Treffer) auftreten werden.
b) Simulieren Sie das Experiment mithilfe einer EXCEL-Tabelle für 24 Teilnehmer und stellen Sie für die Zahl der Treffer eine Tabelle der relativen Häufigkeiten auf.

zu b):

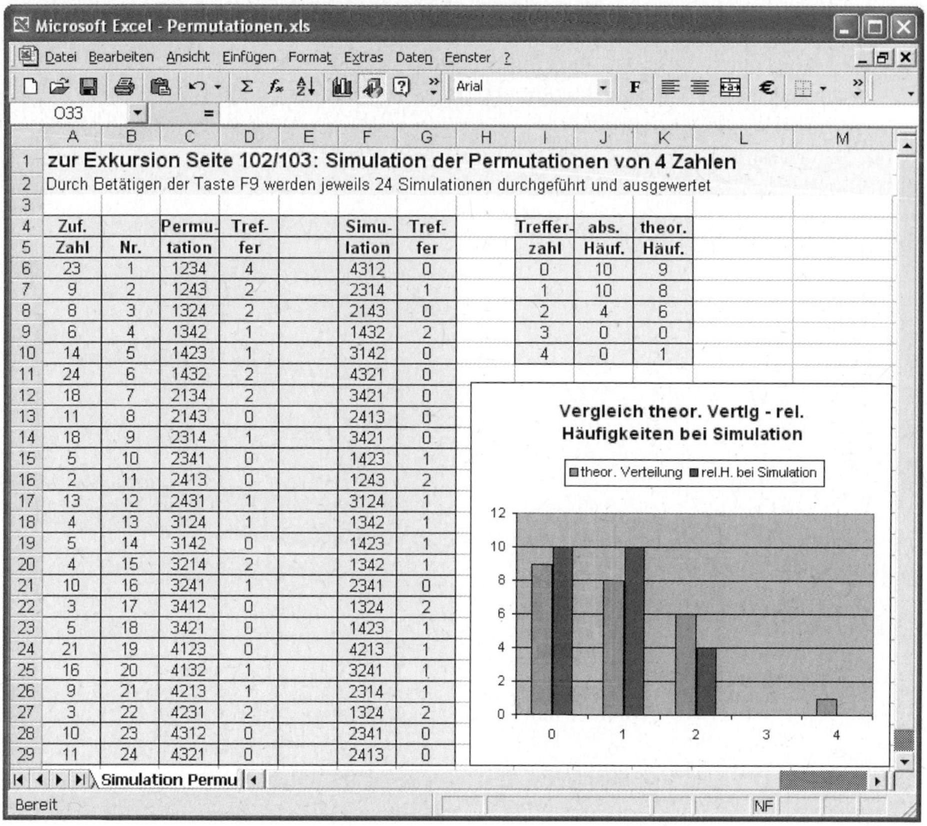


| Zuf. Zahl | Nr. | Permutation | Treffer | Simulation | Treffer |
|---|---|---|---|---|---|
| 23 | 1 | 1234 | 4 | 4312 | 0 |
| 9 | 2 | 1243 | 2 | 2314 | 1 |
| 8 | 3 | 1324 | 2 | 2143 | 0 |
| 6 | 4 | 1342 | 1 | 1432 | 2 |
| 14 | 5 | 1423 | 1 | 3142 | 0 |
| 24 | 6 | 1432 | 2 | 4321 | 0 |
| 18 | 7 | 2134 | 2 | 3421 | 0 |
| 11 | 8 | 2143 | 0 | 2413 | 0 |
| 18 | 9 | 2314 | 1 | 3421 | 0 |
| 5 | 10 | 2341 | 0 | 1423 | 1 |
| 2 | 11 | 2413 | 0 | 1243 | 2 |
| 13 | 12 | 2431 | 1 | 3124 | 1 |
| 4 | 13 | 3124 | 1 | 1342 | 1 |
| 5 | 14 | 3142 | 0 | 1423 | 1 |
| 4 | 15 | 3214 | 2 | 1342 | 1 |
| 10 | 16 | 3241 | 1 | 2341 | 0 |
| 3 | 17 | 3412 | 0 | 1324 | 2 |
| 5 | 18 | 3421 | 0 | 1423 | 1 |
| 21 | 19 | 4123 | 0 | 4213 | 1 |
| 16 | 20 | 4132 | 1 | 3241 | 1 |
| 9 | 21 | 4213 | 1 | 2314 | 1 |
| 3 | 22 | 4231 | 2 | 1324 | 2 |
| 10 | 23 | 4312 | 0 | 2341 | 0 |
| 11 | 24 | 4321 | 0 | 2413 | 0 |

| Trefferzahl | abs. Häuf. | theor. Häuf. |
|---|---|---|
| 0 | 10 | 9 |
| 1 | 10 | 8 |
| 2 | 4 | 6 |
| 3 | 0 | 0 |
| 4 | 0 | 1 |

In Spalte 1 werden 24 Zufallszahlen erzeugt. Spalte 2 zeigt die Nummer der Permutation (in Spalte 3), Spalte 3 enthält alle 24 Permutationen der Ziffern 1234, Spalte 4 die Zahl der Treffer (Fixpunkte) bei den Permutationen. In Spalte 5 wird mithilfe der EXCEL-Funktion WAHL jeweils die Permutation aus der Spalte 4 angegeben, deren Nummer in Spalte 1 angezeigt wird und die zugehörigen Treffer in Spalte 6 angezeigt. In Spalte 7 bzw. 8 werden mithilfe der EXCEL-Funktion ZÄHLENWENN die relativen Häufigkeiten bzw. die theoretische Verteilung aus den Spalten 4 bzw. 6 berechnet. Drücken der Taste F9 vewirkt eine neue Simulation.

*S. 103* **Weitere Aufgabe zur Vertiefung des Beweises:**

a) Schreiben Sie alle 8 fixpunktfreien Permutationen der Zahlen 1 bis 5 auf, bei denen auf Platz 1 die Zahl $r \in \{2, 3, 4, 5\}$ und auf Platz r die Zahl 1 steht.
b) Schreiben Sie bei den Permutationen der Zahlen 1, 2, 3, 4, 5 alle Möglichkeiten auf, bei denen auf Platz 1 nicht die 5 und auf Platz 5 die 1 steht.

a) Fixpunktfreie Permuationen der Ziffern bei 12345, wobei
auf Platz 1 die $r = 2$, auf Platz 2 die 1 steht: 21453, 21534
auf Platz 1 die $r = 3$, auf Platz 3 die 1 steht: 34152, 35124
auf Platz 1 die $r = 4$, auf Platz 4 die 1 steht: 43512, 45213
auf Platz 1 die $r = 5$, auf Platz 5 die 1 steht: 53421, 54231
b) 23451, 24531, 25431, 34251, 34521, 35421, 43251, 43521, 45231

# *V MARKOFF-Ketten*

## *1 Prozessdiagramme und Zustandsverteilungen*

*S. 107* **1** Mögliche Besuchsvarianten nach 1, 2 bzw. 3 Wochen: TTT, TST, STT, SST.
Also beträgt die Wahrscheinlichkeit
$0{,}7 \cdot 0{,}7 \cdot 0{,}7 + 0{,}7 \cdot 0{,}3 \cdot 0{,}4 + 0{,}3 \cdot 0{,}4 \cdot 0{,}7 + 0{,}3 \cdot 0{,}6 \cdot 0{,}4 = 0{,}583$.

*S. 108* **2** a) siehe Fig. rechts
b) Zustandsverteilungen:

| Zustand | 0 | 1 | 2 |
|---|---|---|---|
| Wk. bei Wurfanzahl 1 | $\frac{1}{2}$ | $\frac{1}{2}$ | 0 |
| Wk. bei Wurfanzahl 2 | $\frac{1}{4}$ | $\frac{1}{2}$ | $\frac{1}{4}$ |
| Wk. bei Wurfanzahl 3 | $\frac{1}{8}$ | $\frac{3}{8}$ | $\frac{1}{2}$ |
| Wk. bei Wurfanzahl 4 | $\frac{1}{16}$ | $\frac{1}{4}$ | $\frac{11}{16}$ |

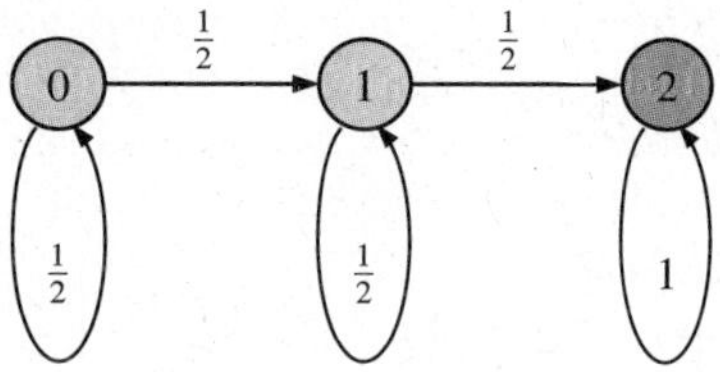

Anwort: Die Wahrscheinlichkeit, höchstens vier Würfe zu benötigen, beträgt $\frac{11}{16}$.

*S. 109* **3** a) $\left(\frac{2}{3}\right)^4 = \frac{16}{81} \approx 0{,}198$

b) Achtung: Hier sollte von einem Starttag des Typs T nach einem N-Tag ausgegangen werden.
Erste Frage: Aus $\left(\frac{3}{4}\right)^{k-1} < 0{,}2$ folgt $k - 1 > \frac{\log 0{,}2}{\log 0{,}75}$.
k muss also mindestens gleich 7 sein.
Zweite Frage: Aus $\left(\frac{3}{4}\right)^{k-1} < 0{,}1$ folgt $k - 1 > \frac{\log 0{,}1}{\log 0{,}75}$.
k muss also mindestens gleich 10 sein.

**4** Zustandsverteilungen:

| Zustand | 0 | 1 | 2 | 3 |
|---|---|---|---|---|
| Wk. nach Runde 1 | 0,3 | 0,7 | 0 | 0 |
| Wk. nach Runde 2 | 0,09 | 0,63 | 0,28 | 0 |
| Wk. nach Runde 3 | 0,027 | 0,441 | 0,476 | 0,056 |
| Wk. nach Runde 4 | 0,0081 | 0,2835 | 0,5572 | 0,1512 |

**5** a) Prozessdiagramm siehe Fig. rechts.
b) Zustandsverteilungen:

| Zelle | 1 | 2 | 3 | 4 | 5 |
|---|---|---|---|---|---|
| Wk. nach Minute 1 | 0 | 0,4 | 0,2 | 0,4 | 0 |
| Wk. nach Minute 2 | 0,16 | 0,16 | 0,36 | 0,16 | 0,16 |
| Wk. nach Minute 3 | 0,224 | 0,176 | 0,200 | 0,176 | 0,224 |

Er ist mit der Wahrscheinlichkeit $1 - 2 \cdot 0{,}224 = 0{,}552$ noch nicht gefangen.

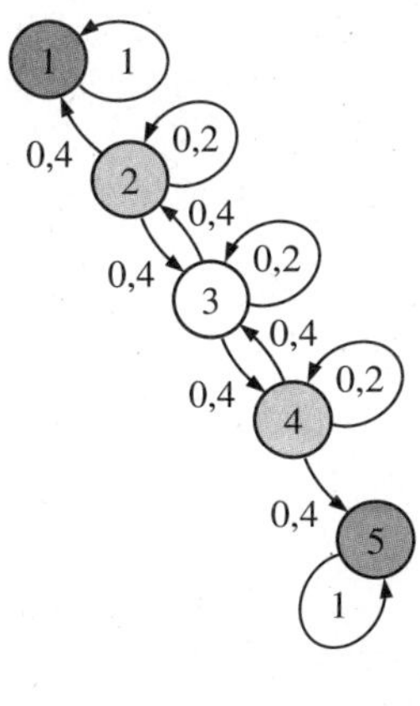

*S. 109* **5** c) Zustandsverteilung nach 4 Minuten:

| Zelle | 1 | 2 | 3 | 4 | 5 |
|---|---|---|---|---|---|
| Wahrscheinlichkeit | 0,2944 | 0,1152 | 0,1808 | 0,1152 | 0,2944 |

***6*** Zustandsverteilungen:

| k | 1 | 2 | 3 |
|---|---|---|---|
| $v_k$ nach einem Schritt | 0,39 | 0,12 | 0,49 |
| $v_k$ nach zwei Schritten | 0,237 | 0,156 | 0,607 |

***7*** Prozessdiagramm siehe Fig. rechts
Zustandsverteilungen:

| Zustand | 1 | 2 | 3 | 4 |
|---|---|---|---|---|
| Wk. nach Wurf 1 | $\frac{1}{2}$ | $\frac{1}{2}$ | 0 | 0 |
| Wk. nach Wurf 2 | $\frac{1}{4}$ | $\frac{1}{4}$ | $\frac{1}{2}$ | 0 |
| Wk. nach Wurf 3 | $\frac{1}{8}$ | $\frac{3}{8}$ | $\frac{1}{4}$ | $\frac{1}{4}$ |
| Wk. nach Wurf 4 | $\frac{1}{6}$ | $\frac{5}{16}$ | $\frac{1}{4}$ | $\frac{3}{8}$ |

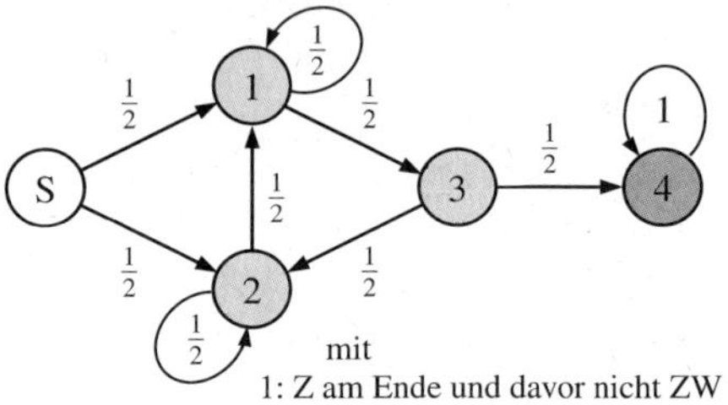


mit
1: Z am Ende und davor nicht ZW
2: W am Ende und davor nicht Z
3: ZW am Ende und davor nicht WZ
4: ZWZ am Ende

***8*** a) Rechenschema für die Berechnung von $v_1', \ldots, v_5'$ aus $v_1, \ldots, v_5$:

$$
\begin{aligned}
v_1' &= 0{,}2\,v_1 \\
v_2' &= 0{,}4\,v_2 \\
v_3' &= 0{,}5\,v_1 + 0{,}4\,v_2 \\
v_4' &= 0{,}3\,v_1 + 0{,}5\,v_3 + v_4 \\
v_5' &= 0{,}2\,v_2 + 0{,}5\,v_3 + v_5
\end{aligned}
$$

Zustandsverteilungen:

| Zustand k | 1 | 2 | 3 | 4 | 5 |
|---|---|---|---|---|---|
| $v_k$ bei 1. Beobachtg. | 1 | 0 | 0 | 0 | 0 |
| $v_k$ bei 2. Beobachtg. | 0,2 | 0 | 0,5 | 0,3 | 0 |
| $v_k$ bei 3. Beobachtg. | 0,04 | 0 | 0,1 | 0,61 | 0,25 |

b) Sobald der dritte Zustand eine positive Wahrscheinlichkeit $v_3$ hat, wächst sowohl $v_4$ als auch $v_5$. Von Beobachtung zu Beobachtung werden nämlich Bruchteile von $v_3$ zum vorherigen Wert von $v_4$ bzw. $v_5$ addiert.

## 2 *Übergangsmatrizen*

*S. 110* ***1*** Spielregel: Sitzt man auf einem Platz vor A, so dreht man das Glücksrad und rückt so viele Plätze vorwärts, wie es anzeigt. Endet das Vorrücken genau bei A, so endet das Spiel. Zeigt das Glücksrad zu viel an, so muss man bis A ziehen und die „überzähligen" Plätze wieder zurück gehen.

*S. 112* ***2*** a) Prozessdiagramm siehe Fig. rechts.
b) Zustandsverteilungen:

| Platz k | 1 | 2 | 3 | 4 |
|---|---|---|---|---|
| $v_k$ nach Drehung 1 | 0,7 | 0,1 | 0,1 | 0,1 |
| $v_k$ nach Drehung 2 | 0,49 | 0,15 | 0,17 | 0,19 |
| $v_k$ nach Drehung 3 | 0,343 | 0,169 | 0,217 | 0,271 |
| $v_k$ nach Drehung 4 | 0,2401 | 0,1695 | 0,2465 | 0,3439 |

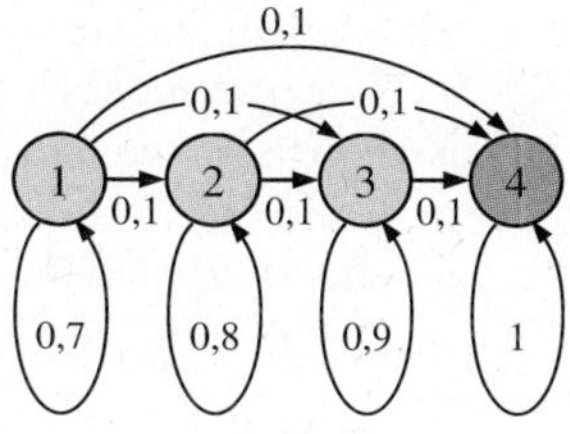


***3*** Die dritte Zustandsverteilung ist

| Schlüssel k | 1 | 2 | 3 | 4 | 5 |
|---|---|---|---|---|---|
| $v_k$ | 0 | 0,48 | 0 | 0,36 | 0,16 |

Mit der Wahrscheinlichkeit 0,16 reichen höchstens drei Versuche.

***4*** $U = \begin{pmatrix} 0{,}6 & 0{,}5 & 0 \\ 0{,}4 & 0 & 0{,}6 \\ 0 & 0{,}5 & 0{,}4 \end{pmatrix}$; $\overrightarrow{v_4} = U \cdot U \cdot U \cdot \overrightarrow{v_0} = \begin{pmatrix} 0{,}4456 \\ 0{,}3024 \\ 0{,}2520 \end{pmatrix}$

***5*** a) Prozessdiagramm siehe Fig. rechts.

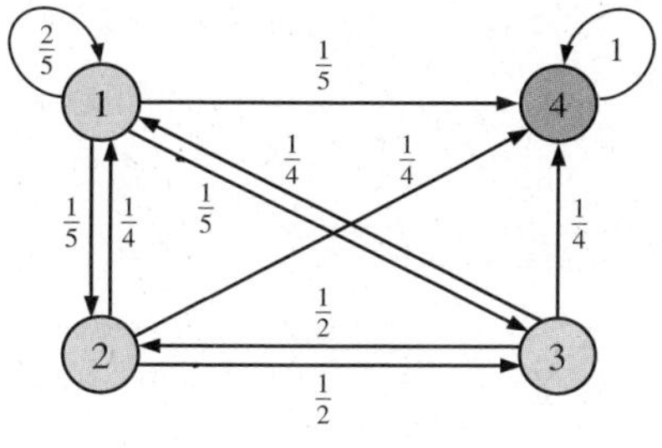


b) $\overrightarrow{v_2} = U \cdot U \cdot \begin{pmatrix} 1 \\ 0 \\ 0 \\ 0 \end{pmatrix} = \begin{pmatrix} \frac{13}{50} \\ \frac{9}{50} \\ \frac{9}{50} \\ \frac{19}{50} \end{pmatrix}$

c) $U^2 = \begin{pmatrix} \frac{13}{50} & \frac{9}{40} & \frac{9}{40} & 0 \\ \frac{9}{50} & \frac{3}{10} & \frac{1}{20} & 0 \\ \frac{9}{50} & \frac{1}{20} & \frac{3}{10} & 0 \\ \frac{19}{50} & \frac{17}{40} & \frac{17}{40} & 1 \end{pmatrix}$

***6*** a) $U^2 = \begin{pmatrix} 0{,}36 & 0{,}20 & 0{,}32 \\ 0{,}24 & 0{,}40 & 0{,}24 \\ 0{,}40 & 0{,}40 & 0{,}44 \end{pmatrix}$ b) $U^3 = \begin{pmatrix} 0{,}276 & 0{,}340 & 0{,}284 \\ 0{,}304 & 0{,}240 & 0{,}304 \\ 0{,}420 & 0{,}420 & 0{,}412 \end{pmatrix}$

c) $U^3 = \begin{pmatrix} 0{,}3056 & 0{,}2800 & 0{,}3040 \\ 0{,}2784 & 0{,}3040 & 0{,}2784 \\ 0{,}4160 & 0{,}4160 & 0{,}4176 \end{pmatrix}$

## 3 *Absorptionswahrscheinlichkeiten*

*S. 113* **1** a) Spontane Fehlvermutung: „Die Gewinnchancen sind gleich, da beim dreifachen Wurf 010 und 111 die gleiche Wahrscheinlichkeiten haben.“
Argument für Jasmins größere Gewinnchance: „Sobald eine Null kommt, ist Jasmin immer im Vorteil, da sie entweder gewonnen hat, nach dem nächsten Wurf mit einer Eins eine Gewinnchance hat oder wenigstens mit einer Null nicht im Nachteil ist. Bei einer Eins ist Sascha nicht immer im Vorteil. Wenn dieser Eins eine Null vorausging, hat nämlich Jasmin schon beim nächsten Wurf eine Gewinnchance!
b) Es dürfen nicht zu wenige Versuche gemacht werden, da sich die Gewinnchance von Jasmin zu der von Sascha wie 7 : 5 verhält.

*S. 115* **2** Für die Wahrscheinlichkeiten $a_1$ (Gewinn von $Z_1$ aus) und $a_2$ (Gewinn von $Z_2$ aus) muss gelten: $a_1 = \frac{1}{3}a_2$ und $a_2 = \frac{2}{3}a_1 + \frac{1}{3}$. Gesucht ist $a_1$.
Einsetzen des Terms für $a_2$ in die erste Gleichung und Auflösen nach $a_1$ liefert den Wert $\frac{1}{7}$ für $a_1$.

**3** $U = \begin{pmatrix} 0 & 0 & 0 & 0 & 0 \\ \frac{3}{4} & 0 & \frac{3}{4} & 0 & 0 \\ \frac{1}{4} & \frac{1}{4} & 0 & 0 & 0 \\ 0 & \frac{3}{4} & 0 & 1 & 0 \\ 0 & 0 & \frac{1}{4} & 0 & 1 \end{pmatrix}$

a) Folge der Zustandsverteilungen $\vec{v_0}$, $\vec{v_1} = U\vec{v_0}$, $\vec{v_2} = U\vec{v_1}$, …:

$$\vec{v_0} = \begin{pmatrix} 1 \\ 0 \\ 0 \\ 0 \\ 0 \end{pmatrix}; \ \vec{v_1} = \begin{pmatrix} 0 \\ 0{,}75 \\ 0{,}25 \\ 0 \\ 0 \end{pmatrix}; \ \vec{v_2} = \begin{pmatrix} 0 \\ 0{,}1875 \\ 0{,}1875 \\ 0{,}5625 \\ 0{,}0625 \end{pmatrix}; \ \vec{v_3} = \begin{pmatrix} 0 \\ 0{,}140\,625 \\ 0{,}046\,875 \\ 0{,}703\,125 \\ 0{,}109\,375 \end{pmatrix}; \ \ldots; \ \vec{v_{10}} = \begin{pmatrix} 0{,}000\ldots \\ 0{,}000\ldots \\ 0{,}000\ldots \\ 0{,}865\ldots \\ 0{,}134\ldots \end{pmatrix}$$

Also: $a_1 \approx 0{,}865$ und $b_1 \approx 0{,}135$.

b)

| Gleichungen nach der 1. Mittelwertsregel: | LGS in Standardform: |
|---|---|
| $a_1 = \frac{3}{4}a_2 + \frac{1}{4}a_3$ | $a_1 - \frac{3}{4}a_2 - \frac{1}{4}a_3 = 0$ |
| $a_2 = \frac{1}{4}a_3 + \frac{3}{4}$ | $a_2 - \frac{1}{4}a_3 = \frac{3}{4}$ |
| $a_3 = \frac{3}{4}a_2$ | $-\frac{3}{4}a_2 + a_3 = 0$ |
| $b_1 = \frac{3}{4}b_2 + \frac{1}{4}b_3$ | $b_1 - \frac{3}{4}b_2 - \frac{1}{4}b_3 = 0$ |
| $b_2 = \frac{1}{4}b_3$ | $b_2 - \frac{1}{4}b_3 = 0$ |
| $b_3 = \frac{3}{4}b_2 + \frac{1}{4}$ | $-\frac{3}{4}b_2 + b_3 = \frac{1}{4}$ |

Lösungen sind $a_1 = \frac{45}{52}$; $a_2 = \frac{12}{13}$; $a_3 = \frac{9}{13}$ und $b_1 = \frac{7}{52}$; $b_2 = \frac{1}{13}$; $b_3 = \frac{4}{13}$.

**4** Gleichungen für die Gewinnwahrscheinlichkeiten:
$a_1 = \frac{2}{3}a_1 + \frac{1}{6}a_2$ und $a_2 = \frac{2}{3}a_2 + \frac{1}{6}$. Daraus ergibt sich $a_1 = \frac{1}{4}$.

*S. 115* **5** Die Zellen 11, 15, 19 und 23 sind nicht erreichbar, da sie nur absorbierende Zellen als Nachbarn haben. Also ist die Absorptionswahrscheinlichkeit $b_0$ für Zelle 15 gleich 0. Da jede innere Zelle vier Nachbarn hat, ergibt sich für die Absorptionswahrscheinlichkeiten in Zelle 16:

$a_0 = \frac{1}{4}\cdot(a_2 + a_4 + a_6 + a_8)$; $a_1 = \frac{1}{4}\cdot(a_2 + a_8)$; $a_2 = \frac{1}{4}\cdot(a_0 + a_1 + a_3)$; $a_3 = \frac{1}{4}\cdot(a_2 + a_4) + \frac{1}{4}$;
$a_4 = \frac{1}{4}\cdot(a_0 + a_3 + a_5)$; $a_5 = \frac{1}{4}\cdot(a_4 + a_6)$; $a_6 = \frac{1}{4}\cdot(a_0 + a_5 + a_7)$; $a_7 = \frac{1}{4}\cdot(a_6 + a_8)$;
$a_8 = \frac{1}{4}\cdot(a_0 + a_1 + a_7)$

Lösung:

$a_0 = \frac{1}{16}$; $a_1 = \frac{1}{32}$; $a_2 = \frac{11}{112}$; $a_3 = \frac{67}{224}$; $a_4 = \frac{11}{112}$; $a_5 = \frac{1}{32}$; $a_6 = \frac{3}{112}$; $a_7 = \frac{3}{224}$; $a_8 = \frac{3}{112}$.

## 4 *Mittlere Wartezeiten*

*S. 116* **1** Es ergibt sich ein Säulendiagramm, das Fig. 1 auf Seite 116 des Schülerbuchs ähnelt.

*S. 117* **2** Diagramm siehe Fig. rechts.

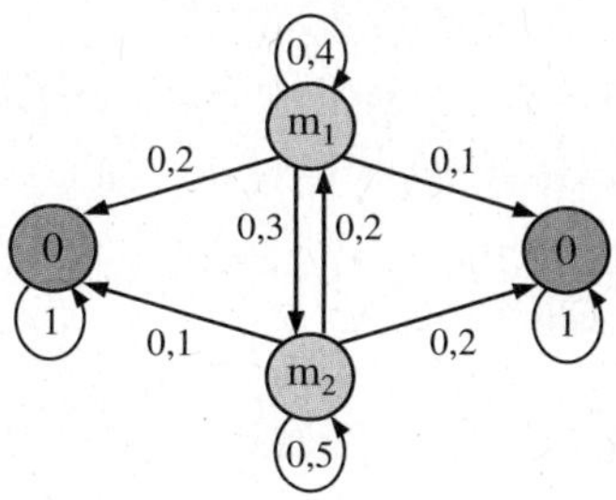


LGS:

$m_1 = 1 + \frac{2}{5}m_1 + \frac{1}{5}m_2$

$m_2 = 1 + \frac{3}{10}m_1 + \frac{1}{2}m_2$

LGS in Standardform:

$\frac{3}{5}m_1 - \frac{1}{5}m_2 = 1$

$-\frac{3}{10}m_1 + \frac{1}{2}m_2 = 1$

Also: $m_1 = \frac{35}{12}$ und $m_2 = \frac{15}{4}$.

**3** a) Prozessdiagramm siehe Fig. rechts.

b) LGS:

$m_1 = 1 + \frac{2}{5}m_2 + \frac{1}{5}m_3$

$m_2 = 1 + \frac{2}{5}m_1 + \frac{3}{10}m_2 + \frac{1}{10}m_3$

$m_3 = 1 + \frac{1}{5}m_1 + \frac{2}{5}m_2 + \frac{3}{10}m_3$

LGS in Standardform:

$m_1 - \frac{2}{5}m_2 - \frac{1}{5}m_3 = 1$

$-\frac{2}{5}m_1 + \frac{7}{10}m_2 - \frac{1}{10}m_3 = 1$

$-\frac{1}{5}m_1 - \frac{2}{5}m_2 + \frac{7}{10}m_3 = 1$

Daraus ergibt sich $m_1 = \frac{11}{3}$, $m_2 = \frac{38}{9}$ und $m_3 = \frac{44}{9}$.

*S. 117* **4** Die Gleichungen für die durchschnittlichen Spielanzahlen lauten:
$m_1 = 1 + \frac{3}{10}m_1 + \frac{7}{10}m_2$; $m_2 = 1 + \frac{2}{5}m_2 + \frac{3}{5}m_3$; $m_3 = 1 + \frac{1}{2}m_3 + \frac{1}{2}m_4$;
$m_4 = 1 + \frac{3}{5}m_4 + \frac{2}{5}m_5$; $m_5 = 1 + \frac{7}{10}m_5 + \frac{3}{10}m_6$; $m_6 = 1 + \frac{4}{5}m_6$.
Aus der letzten Gleichung ergibt sich $m_6 = 5$. Durch schrittweises Einsetzen und Auflösen ergibt sich $m_1 = \frac{223}{14}$. Ein Neuling braucht also durchschnittlich etwa 16 Spiele bis zum Erreichen der letzten Stufe.

**5** b) Sie beträgt mindestens 13,9.
c) Hier sollten die Koeffizienten der Übergangsmatrix als Brüche geschrieben werden!

$$U = \begin{pmatrix} \frac{1}{6} & 0 & 0 & 0 & 0 & 0 \\ \frac{5}{6} & \frac{1}{3} & 0 & 0 & 0 & 0 \\ 0 & \frac{2}{3} & \frac{1}{2} & 0 & 0 & 0 \\ 0 & 0 & \frac{1}{2} & \frac{2}{3} & 0 & 0 \\ 0 & 0 & 0 & \frac{1}{3} & \frac{5}{6} & 0 \\ 0 & 0 & 0 & 0 & \frac{1}{6} & 1 \end{pmatrix}$$

Gleichungen nach der 2. Mittelwertsregel:
$m_1 = 1 + \frac{1}{6}m_1 + \frac{5}{6}m_2$; $m_2 = 1 + \frac{1}{3}m_2 + \frac{2}{3}m_3$; $m_3 = 1 + \frac{1}{2}m_3 + \frac{1}{2}m_4$;
$m_4 = 1 + \frac{2}{3}m_4 + \frac{1}{3}m_5$; $m_5 = 1 + \frac{5}{6}m_5 + \frac{1}{6}m_6$; $m_6 = 1 + \frac{1}{6}m_6$.
Aus der letzten Gleichung ergibt sich $m_6 = \frac{6}{5}$. Durch schrittweises Einsetzen und Auflösen ergibt sich für die mittlere Spieldauer $m_1 = \frac{149}{10} = 14{,}9$.

**6** LGS:
$m_1 = 1 + \frac{1}{3}m_2 + \frac{1}{3}m_3$
$m_2 = 1 + \frac{1}{3}m_1 + \frac{1}{3}m_3$
$m_3 = 1 + \frac{1}{3}m_1 + \frac{1}{3}m_2$

LGS in Standardform:
$\frac{2}{3}m_1 - \frac{1}{3}m_2 - \frac{1}{3}m_3 = 1$
$-\frac{1}{3}m_1 + \frac{2}{3}m_2 - \frac{1}{3}m_3 = 1$
$-\frac{1}{3}m_1 - \frac{1}{3}m_2 + \frac{2}{3}m_3 = 1$

Daraus ergeben sich $m_1 = m_2 = m_3 = 3$. Die mittlere Zeitdauer vom Start bis zur Absorption beträgt also 3 Minuten.

**7** Hier kann man Zellen zu Zuständen zusammenfassen. Man erhält so ein LGS mit nur 3 Variablen an Stelle eines LGS mit 9 Variablen.
Zustände: $Z_1$: 1; $Z_2$: 2 oder 4 oder 6 oder 8; $Z_3$: 3 oder 5 oder 7 oder 9; $Z_4$: rote Zelle
LGS:
$m_1 = 1 + m_2$
$m_2 = 1 + \frac{1}{4}m_1 + \frac{1}{2}m_3$
$m_3 = 1 + \frac{1}{2}m_2$
Es ergibt sich $m_1 = \frac{9}{2}$; $m_2 = \frac{7}{2}$; $m_3 = \frac{11}{4}$.
Die mittlere Lebensdauer beträgt $4\frac{1}{2}$ Minuten.

# 5 *Wenn Markoff den Computer nutzt – die Fundamentalmatrix*

*S. 118* ***1*** Aufgabenstellung:
Du hast gewonnen, wenn alle vier Münzen Wappen zeigen (Zustand $Z_4$), du hast verloren, wenn keine Münze Wappen zeigt (Zustand $Z_5$). Wie groß ist die Gewinnwahrscheinlichkeit und wie lange dauert das Spiel im Mittel, wenn du im Zustand $Z_1$ (genau eine Münze zeigt Wappen) startest?

*S. 120* ***2*** a)

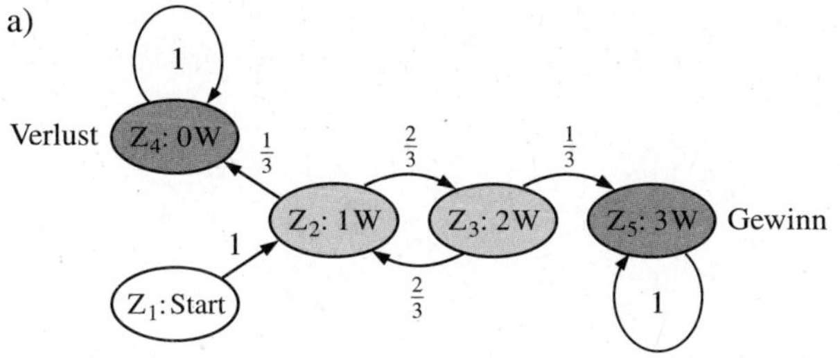


b) Man kann rechnen wie in Fig. 1 von S. 120:

| | | | | | | | | | | | | Absorptions-matrix | | Gewinn-matrix | | | | | von | | | | |
|---|---|---|---|---|---|---|---|---|---|---|---|---|---|---|---|---|---|---|---|---|---|---|---|
| E | | | Q | | | E-Q | | | F=(E-Q)^-1 | | | 3W | 0W | 3W | 0W | m | | U | 1 | 2 | 3 | 4 | 5 |
| 1 | 0 | 0 | 0,00 | 1,00 | 0,00 | 1,00 | -1,00 | 0,00 | 1 | 2 | 1 | 0 | 0 | 0,6 | 0,3 | 4 | n | 1 | 0 | 0,00 | 0,00 | 0 | 0 |
| 0 | 1 | 0 | 0,00 | 0,00 | 0,67 | 0,00 | 1,00 | -0,67 | 0 | 2 | 1 | 0,5 | 0 | 0,8 | 0,1 | 3 | a | 2 | 1 | 0,00 | 0,67 | 0 | 0 |
| 0 | 0 | 1 | 0,00 | 0,67 | 0,00 | 0,00 | -0,67 | 1,00 | 0 | 1 | 2 | 0 | 0 | 0,4 | 0,4 | 3 | c | 3 | 0 | 0,67 | 0,00 | 0 | 0 |
| | | | | | | | | | | | | | | | | | h | 4 | 0 | 0,33 | 0,00 | 1 | 0 |
| | | | | | | | | | | | | | | | | | | 5 | 0 | 0,00 | 0,33 | 0 | 1 |

Die Gewinnwahrscheinlichkeit, also die Wahrscheinlichkeit, mit der man bei Start $Z_1$ im Zustand $Z_5$ absorbiert wird, beträgt 0,4.

c) Die mittlere Wartezeit beträgt 4 Zeiteinheiten.

d)

| | | | | | | | | | | | | | | | | | | | von | | | | |
|---|---|---|---|---|---|---|---|---|---|---|---|---|---|---|---|---|---|---|---|---|---|---|---|
| E | | | | Q | | | | E-Q | | | | F=(E-Q)^-1 | | | | m | | U | 1 | 2 | 3 | 4 | 5 |
| 1 | 0 | 0 | 0 | 0,00 | 1,00 | 0,00 | 0,00 | 1,00 | -1,00 | 0,00 | 0,00 | 1 | 5 | 3 | 2 | 10 | n | 1 | 0,00 | 0,00 | 0,00 | 0,00 | 0 |
| 0 | 1 | 0 | 0 | 0,00 | 0,00 | 0,67 | 0,33 | 0,00 | 1,00 | -0,67 | -0,33 | 0 | 5 | 3 | 2 | 9 | a | 2 | 1,00 | 0,00 | 0,67 | 1,00 | 0 |
| 0 | 0 | 1 | 0 | 0,00 | 0,67 | 0,00 | 0,00 | 0,00 | -0,67 | 1,00 | 0,00 | 0 | 3 | 3 | 1 | 7 | c | 3 | 0,00 | 0,67 | 0,00 | 0,00 | 0 |
| 0 | 0 | 0 | 1 | 0,00 | 1,00 | 0,00 | 0,00 | 0,00 | -1,00 | 0,00 | 1,00 | 0 | 5 | 3 | 3 | 10 | h | 4 | 0,00 | 0,33 | 0,00 | 0,00 | 0 |
| | | | | | | | | | | | | | | | | | | 5 | 0,00 | 0,00 | 0,33 | 0,00 | 1 |

Die mittlere Wartezeit beträgt 10 Zeiteinheiten.

*S. 120* **3** a) Siehe Figur rechts.

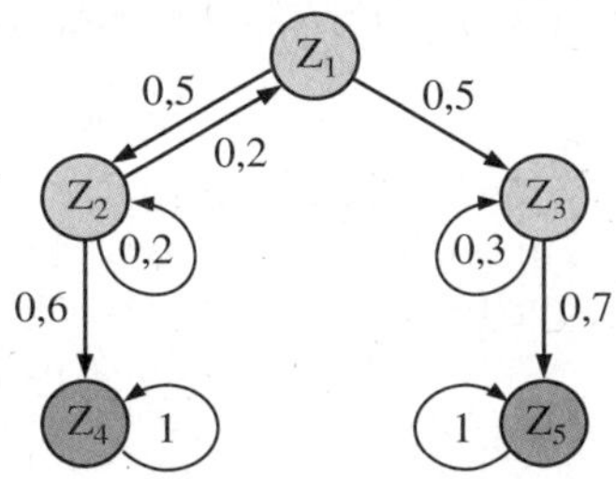


b) $F = \begin{pmatrix} \frac{8}{7} & \frac{5}{7} & \frac{40}{49} \\ \frac{2}{7} & \frac{10}{7} & \frac{10}{49} \\ 0 & 0 & \frac{10}{7} \end{pmatrix} \approx \begin{pmatrix} 1{,}14286 & 0{,}714286 & 0{,}816327 \\ 0{,}285714 & 1{,}42857 & 0{,}204082 \\ 0 & 0 & 1{,}42857 \end{pmatrix}$

c) Mittlere Spieldauer $m_k$ bis zur Absorption aus dem inneren Zustand k:

$\begin{pmatrix} m_1 \\ m_2 \\ m_3 \end{pmatrix} = \begin{pmatrix} \frac{131}{49} \\ \frac{94}{49} \\ \frac{10}{7} \end{pmatrix} \approx \begin{pmatrix} 2{,}67 \\ 1{,}92 \\ 1{,}43 \end{pmatrix}$

Wahrscheinlichkeiten $g_{ki}$ der Absorption aus einem inneren Zustand k in einen der beiden absorbierenden Zuständen $i = 4; 5$.

$\begin{pmatrix} g_{14} \\ g_{24} \\ g_{34} \end{pmatrix} = \begin{pmatrix} \frac{3}{7} \\ \frac{6}{7} \\ 0 \end{pmatrix} \approx \begin{pmatrix} 0{,}4286 \\ 0{,}8571 \\ 0 \end{pmatrix}$; $\begin{pmatrix} g_{15} \\ g_{25} \\ g_{35} \end{pmatrix} = \begin{pmatrix} \frac{4}{7} \\ \frac{1}{7} \\ 0 \end{pmatrix} \approx \begin{pmatrix} 0{,}5714 \\ 0{,}1429 \\ 0 \end{pmatrix}$

d) Tabelle für $k = 0; \ldots; 10$ der Zustandsverteilungen $v_{k+1} = U\,v_k$; $v_0 = (1; 0; 0; 0; 0)^T$, also Anfangszustand $Z_1$. Man erkennt, dass sich die Werte in der vierten bzw. fünften Zeile mit wachsendem k den in Teil c) berechneten Werten $g_{14}$ bzw. $g_{15}$ nähern.

| $v_0$ | $v_1$ | $v_2$ | $v_3$ | $v_4$ | $v_5$ | $v_6$ | $v_7$ | $v_8$ | $v_9$ | $v_{10}$ |
|---|---|---|---|---|---|---|---|---|---|---|
| 1,0000 | 0,0000 | 0,1000 | 0,0200 | 0,0140 | 0,0048 | 0,0024 | 0,0010 | 0,0004 | 0,0002 | 0,0001 |
| 0,0000 | 0,5000 | 0,1000 | 0,0700 | 0,0240 | 0,0118 | 0,0048 | 0,0021 | 0,0009 | 0,0004 | 0,0002 |
| 0,0000 | 0,5000 | 0,1500 | 0,0950 | 0,0385 | 0,0186 | 0,0080 | 0,0036 | 0,0015 | 0,0007 | 0,0003 |
| 0,0000 | 0,0000 | 0,3000 | 0,3600 | 0,4020 | 0,4164 | 0,4235 | 0,4263 | 0,4276 | 0,4282 | **0,4284** |
| 0,0000 | 0,0000 | 0,3500 | 0,4550 | 0,5215 | 0,5485 | 0,5614 | 0,5670 | 0,5695 | 0,5706 | **0,5711** |

**4** Die Fundamentalmatrix ist $F = \begin{pmatrix} \frac{5}{3} & 2 & 1 \\ \frac{2}{3} & 2 & 1 \\ \frac{1}{3} & 1 & 2 \end{pmatrix}$.

a) Damit ergibt sich die Wahrscheinlichkeit, mit der das Versuchstier bei Start an Position 1 den Ausgang 4 bzw. 5 findet, $g_{14} = \frac{1}{3}$ bzw. $g_{15} = \frac{2}{3}$.

b) $F \cdot \begin{pmatrix} 1 \\ 1 \\ 1 \end{pmatrix} = \begin{pmatrix} \frac{14}{3} \\ \frac{11}{3} \\ \frac{10}{3} \end{pmatrix}$. Also braucht das Versuchstier von Position 1 aus im Mittel etwa 4,7 Minuten, von Position 2 aus im Mittel etwa 3,7 Minuten und von Position 3 aus im Mittel etwa 3,3 Minuten.

# 6 *Vermischte Aufgaben*

*S. 121* **1** a) Prozessdiagramm siehe Figur rechts.

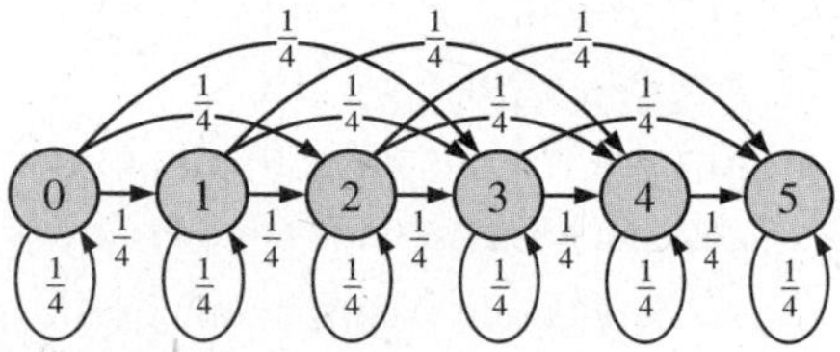


b) Die Wahrscheinlichkeit, mit zwei Würfen fertig zu sein, beträgt $\frac{1}{16} + \frac{1}{16} + \frac{1}{16} = \frac{3}{16}$. Also beträgt die gesuchte Wahrscheinlichkeit $\frac{13}{16}$.

c) Startverteilung: $\vec{v_1} = \begin{pmatrix} \frac{1}{4} \\ \frac{1}{4} \\ \frac{1}{4} \\ \frac{1}{4} \\ 0 \\ 0 \end{pmatrix}$. Übergangsmatrix und Folgeverteilungen:

$$U = \begin{pmatrix} \frac{1}{4} & 0 & 0 & 0 & 0 & 0 \\ \frac{1}{4} & \frac{1}{4} & 0 & 0 & 0 & 0 \\ \frac{1}{4} & \frac{1}{4} & \frac{1}{4} & 0 & 0 & 0 \\ \frac{1}{4} & \frac{1}{4} & \frac{1}{4} & \frac{1}{4} & 0 & 0 \\ 0 & \frac{1}{4} & \frac{1}{4} & \frac{1}{4} & \frac{1}{4} & 0 \\ 0 & 0 & \frac{1}{4} & \frac{1}{2} & \frac{3}{4} & 1 \end{pmatrix}; \quad \vec{v_2} = U \cdot \vec{v_1} = \begin{pmatrix} \frac{1}{16} \\ \frac{1}{8} \\ \frac{3}{16} \\ \frac{1}{4} \\ \frac{3}{16} \\ \frac{3}{16} \end{pmatrix}; \quad \vec{v_3} = U \cdot \vec{v_2} = \begin{pmatrix} \frac{1}{64} \\ \frac{3}{64} \\ \frac{3}{32} \\ \frac{5}{32} \\ \frac{3}{16} \\ \frac{1}{2} \end{pmatrix}.$$

Also beträgt die gesuchte Wahrscheinlichkeit $\frac{1}{2} - \frac{3}{16} = \frac{5}{16}$.

**2** a) $U = \begin{pmatrix} 0 & 0 & 0 & 0 \\ \frac{1}{2} & \frac{1}{4} & \frac{1}{4} & 0 \\ 0 & \frac{1}{2} & \frac{1}{2} & 0 \\ \frac{1}{2} & 0 & \frac{1}{4} & 1 \end{pmatrix}$

b)

| Verteilung Nr. | 0 | 1 | 2 | 3 |
|---|---|---|---|---|
| $v_1$ | 1 | 0 | $\frac{1}{8}$ | $\frac{1}{32}$ |
| $v_2$ | 0 | $\frac{1}{2}$ | $\frac{1}{8}$ | $\frac{5}{32}$ |
| $v_3$ | 0 | 0 | $\frac{1}{4}$ | $\frac{3}{16}$ |
| $v_4$ | 0 | $\frac{1}{2}$ | $\frac{1}{2}$ | $\frac{5}{8}$ |

**3** a) $U \cdot U = \begin{pmatrix} 0{,}25 & 0{,}10 & 0{,}06 & 0 \\ 0{,}15 & 0{,}21 & 0{,}00 & 0 \\ 0{,}25 & 0{,}10 & 0{,}21 & 0 \\ 0{,}35 & 0{,}59 & 0{,}73 & 1 \end{pmatrix}$  b) $U \cdot (U \cdot U) = \begin{pmatrix} 0{,}155 & 0{,}092 & 0{,}030 & 0 \\ 0{,}075 & 0{,}030 & 0{,}063 & 0 \\ 0{,}230 & 0{,}197 & 0{,}030 & 0 \\ 0{,}540 & 0{,}681 & 0{,}877 & 1 \end{pmatrix}$

**4** a) Prozessdigramm siehe Figur rechts.

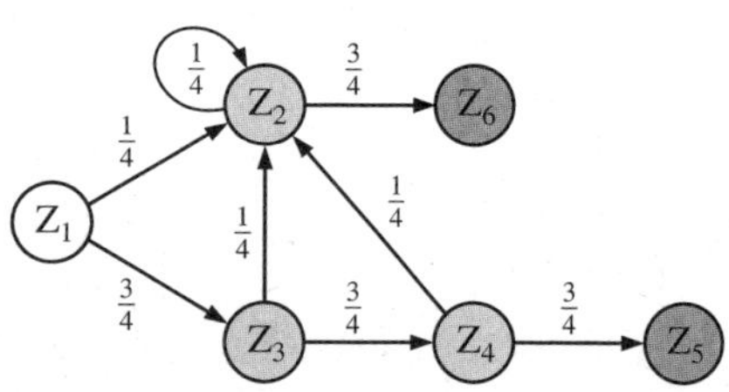


Übergangsmatrix: $U = \begin{pmatrix} 0 & 0 & 0 & 0 & 0 & 0 \\ \frac{1}{4} & \frac{1}{4} & \frac{1}{4} & \frac{1}{4} & 0 & 0 \\ \frac{3}{4} & 0 & 0 & 0 & 0 & 0 \\ 0 & 0 & \frac{3}{4} & 0 & 0 & 0 \\ 0 & 0 & 0 & \frac{3}{4} & 1 & 0 \\ 0 & \frac{3}{4} & 0 & 0 & 0 & 1 \end{pmatrix}$

*S. 121* **4** b) LGS für Anjas Gewinnwahrscheinlichkeiten:

$a_1 = \frac{1}{4}a_2 + \frac{3}{4}a_3$

$a_2 = \frac{1}{4}a_2 + \frac{3}{4}$

$a_3 = \frac{1}{4}a_2 + \frac{3}{4}a_4$

$a_4 = \frac{1}{4}a_2$

Aus der zweiten Gleichung ergibt sich sofort $a_2 = 1$, damit $a_4 = \frac{1}{4}$, $a_3 = \frac{7}{16}$ und schließlich die Wahrscheinlichkeit $a_1 = \frac{37}{64}$, dass Anja gewinnt. Cora gewinnt mit der Wahrscheinlichkeit $1 - a_1 = \frac{27}{64}$.

**5** a) Mit den Zuständen $Z_1$: 0 bis $Z_7$: 6 ergibt sich: $U = \begin{pmatrix} 0 & \frac{1}{3} & \frac{1}{3} & \frac{1}{3} & 0 & 0 & 0 \\ \frac{1}{3} & 0 & 0 & 0 & 0 & 0 & 0 \\ \frac{1}{3} & 0 & 0 & 0 & 0 & 0 & 0 \\ \frac{1}{3} & 0 & 0 & 0 & 0 & 0 & 0 \\ 0 & \frac{1}{3} & 0 & \frac{1}{3} & 1 & 0 & 0 \\ 0 & \frac{1}{3} & \frac{1}{3} & 0 & 0 & 1 & 0 \\ 0 & 0 & \frac{1}{3} & \frac{1}{3} & 0 & 0 & 1 \end{pmatrix}$.

b) LGS für die Absorptionswahrscheinlichkeiten bzgl. $Z_5$ (Zelle 4):

$a_1 = \frac{1}{3}a_2 + \frac{1}{3}a_3 + \frac{1}{3}a_4$

$a_2 = \frac{1}{3}a_1 + \frac{1}{3}$

$a_3 = \frac{1}{3}a_1$

$a_4 = \frac{1}{3}a_1 + \frac{1}{3}$

LGS in Standardform:

$a_1 - \frac{1}{3}a_2 - \frac{1}{3}a_3 + \frac{1}{3}a_4 = 0$

$-\frac{1}{3}a_1 + a_2 = \frac{1}{3}$

$-\frac{1}{3}a_1 + a_3 = 0$

$-\frac{1}{3}a_1 + a_4 = \frac{1}{3}$

Daraus ergibt sich $a_1 = \frac{1}{3}$; $a_2 = \frac{4}{9}$; $a_3 = \frac{1}{9}$; $a_4 = \frac{4}{9}$. Das Insekt wird also mit der Wahrscheinlichkeit $\frac{1}{3}$ in Zelle 4 gefangen. Für die beiden anderen Zellen ergibt sich ebenso jeweils die Wahrscheinlichkeit $\frac{1}{3}$.

**6** Prozessdiagramm siehe Figur rechts.

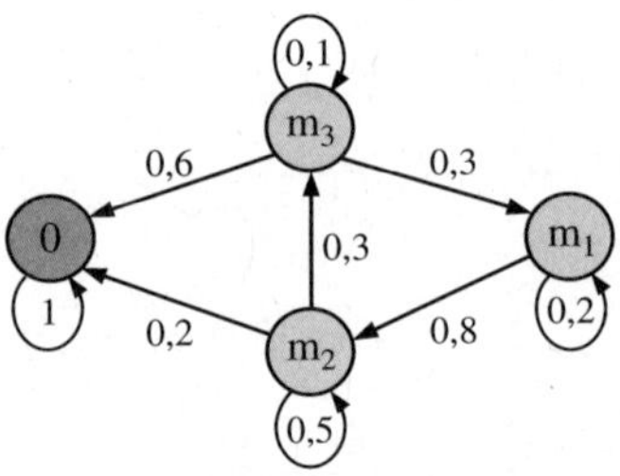


LGS:

$m_1 = 1 + \frac{1}{5}m_1 + \frac{4}{5}m_2$

$m_2 = 1 + \frac{1}{2}m_2 + \frac{3}{10}m_3$

$m_3 = 1 + \frac{1}{10}m_3 + \frac{3}{10}m_1$

Es ergibt sich: $m_1 = \frac{235}{48}$; $m_2 = \frac{175}{48}$; $m_3 = \frac{395}{144}$.

Es sind also durchschnittlich nahezu 5 Schritte bis zur Absorption.

**7** LGS:

$m_1 = 1 + \frac{2}{5}m_2 + \frac{1}{5}m_3 + \frac{2}{5}m_4$

$m_2 = 1 + \frac{3}{10}m_1 + \frac{3}{10}m_2 + \frac{1}{10}m_3 + \frac{1}{10}m_4$

$m_3 = 1 + \frac{2}{5}m_2 + \frac{1}{2}m_3$

$m_4 = 1 + \frac{1}{5}m_2 + \frac{3}{10}m_3$

Es ergibt sich: $m_1 = \frac{955}{227}$; $m_2 = \frac{945}{227}$; $m_3 = \frac{1210}{227}$; $m_4 = \frac{270}{227}$.

# *Mathematische Exkursionen*

**Und wenn es keine Absorption gibt…?**

S. 123 ***1*** a) $\overrightarrow{v_6} \approx \begin{pmatrix} 0{,}7 & 0{,}4 \\ 0{,}3 & 0{,}6 \end{pmatrix} \cdot \begin{pmatrix} 0{,}57247 \\ 0{,}42753 \end{pmatrix} \approx \begin{pmatrix} 0{,}57174 \\ 0{,}42826 \end{pmatrix}$; $\overrightarrow{v_7} \approx \begin{pmatrix} 0{,}7 & 0{,}4 \\ 0{,}3 & 0{,}6 \end{pmatrix} \cdot \begin{pmatrix} 0{,}57247 \\ 0{,}42753 \end{pmatrix} \approx \begin{pmatrix} 0{,}57174 \\ 0{,}42826 \end{pmatrix}$

b) Übergangsmatrix: $U = \begin{pmatrix} \frac{7}{10} & \frac{2}{5} \\ \frac{3}{10} & \frac{3}{5} \end{pmatrix}$

LGS in Standardform:

$$\begin{aligned} \tfrac{3}{10}u_1 - \tfrac{2}{5}u_2 &= 0 \\ -\tfrac{3}{10}u_1 + \tfrac{2}{5}u_2 &= 0 \\ u_1 + u_2 &= 1 \end{aligned}$$

Lösung: $u_1 = \frac{4}{7}$, $u_2 = \frac{3}{7}$

***2*** Übergangsmatrix: $U = \begin{pmatrix} \frac{4}{5} & 0 & 0 & \frac{3}{10} \\ \frac{1}{5} & \frac{7}{10} & 0 & 0 \\ 0 & \frac{3}{10} & \frac{3}{5} & 0 \\ 0 & 0 & \frac{2}{5} & \frac{7}{10} \end{pmatrix}$

LGS in Standardform:

$$\begin{aligned} \tfrac{1}{5}u_1 \qquad\qquad - \tfrac{3}{10}u_4 &= 0 \\ -\tfrac{1}{5}u_1 + \tfrac{3}{10}u_2 &= 0 \\ -\tfrac{3}{10}u_2 + \tfrac{2}{5}u_3 &= 0 \\ -\tfrac{2}{5}u_3 + \tfrac{3}{10}u_4 &= 0 \\ u_1 + u_2 + u_3 + u_4 &= 1 \end{aligned}$$

Lösung: $u_1 = \frac{6}{17}$, $u_2 = \frac{4}{17}$, $u_3 = \frac{3}{17}$, $u_4 = \frac{4}{17}$

***3*** LGS in Standardform:

$$\begin{aligned} \tfrac{1}{5}u_A - \tfrac{1}{5}u_B - \tfrac{3}{10}u_C &= 0 \\ -\tfrac{1}{10}u_A + \tfrac{3}{10}u_B - \tfrac{1}{10}u_C &= 0 \\ -\tfrac{1}{10}u_A - \tfrac{3}{5}u_B + \tfrac{2}{5}u_C &= 0 \\ u_A + u_B + u_C &= 1 \end{aligned}$$

Lösung: $u_A = \frac{11}{20}$, $u_B = \frac{1}{4}$, $u_C = \frac{1}{5}$

A kann mit 55 %, B mit 25 % und C mit 20 % rechnen.

***4*** a) Übergangsmatrix: $U = \begin{pmatrix} 0 & 0 & 0 & 0 & 0 \\ \frac{7}{10} & \frac{2}{5} & 0 & 0 & 0 \\ 0 & \frac{1}{5} & \frac{1}{2} & 0 & 0 \\ \frac{3}{10} & 0 & 0 & 1 & 0 \\ 0 & \frac{2}{5} & \frac{1}{2} & 0 & 1 \end{pmatrix}$

Grenzverteilungen: beim Start in $Z_1$: $\begin{pmatrix} 0 \\ 0 \\ 0 \\ \frac{3}{10} \\ \frac{7}{10} \end{pmatrix}$; beim Start in $Z_2$: $\begin{pmatrix} 0 \\ 0 \\ 0 \\ 0 \\ 1 \end{pmatrix}$

b) Das LGS hat auch mit der Forderung $u_1 + u_2 + u_3 + u_4 + u_5 = 1$ unendlich viele Lösungen.

c) Die beiden letzten Spalten von U reproduzieren sich bei jedem Potenzierungsschritt.

# *VI* GAUSS *und seine Normalverteilung*

## *1 Histogramme und ihre Glockenform*

*S. 126* **1** Man wählt auf der Hochachse die Einheit willkürlich (hier: ein Teilstrich = 20), schätzt die Säulenhöhen und bestimmt deren Gesamtlänge (hier 421).
Ehrenurkunde, ab 2000 Punkte:
$\frac{\left(\frac{56}{2} + 18 + 13 + 5 + 1\right)}{421} \approx 15\,\%$ (von der Säule bei 2000 „zählt“ nur die Hälfte)
Siegerurkunde, ab 1550 Punkte:
$\frac{\left(\frac{71}{4} + 99 + 72 + 56 + 18 + 13 + 5 + 1\right)}{421} \approx 67\,\%$ (von der Säule bei 1400 „zählt“ nur ein Viertel)

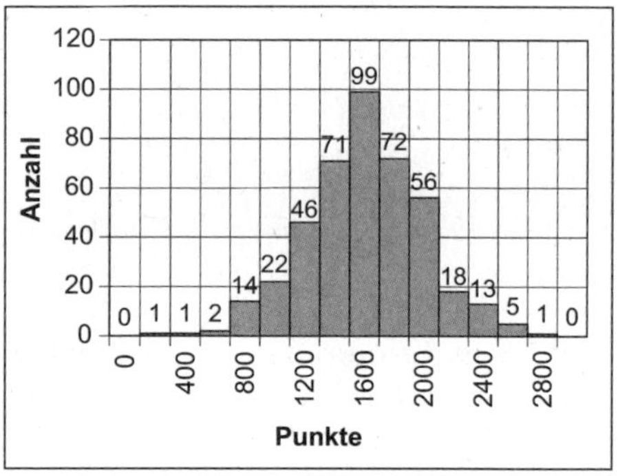


Bei der gezeigten Beschriftung handelt es sich um die der Aufgabe zu Grunde liegenden absoluten Häufigkeiten.

*S. 129* **2** Relative Häufigkeit: $\frac{6}{27} \approx 22\,\%$; Häufigkeitsdichte: $\frac{6}{27 \cdot 25} \approx 0{,}0089$

**3**

| Klassenbreite | 3 | 5 | 1,5 | 0,4 | 1 | 0,05 |
|---|---|---|---|---|---|---|
| relative Häufigkeit | 17 % | 0,5 | 100 % | 0,8 | 15 % | 20 % |
| Häufigkeitsdichte | 0,06 | 0,1 | 0,667 | 2 | 0,15 | 4 |

**4**

| Kl.mitte | abs. H. | rel. H. | Dichte |
|---|---|---|---|
| 1,5 | 2 | 8 % | 0,027 |
| 4,5 | 5 | 20 % | 0,067 |
| 7,5 | 9 | 36 % | 0,120 |
| 10,5 | 6 | 24 % | 0,080 |
| 13,5 | 3 | 12 % | 0,040 |
| Summe | 25 | 100 % | 0,333 |

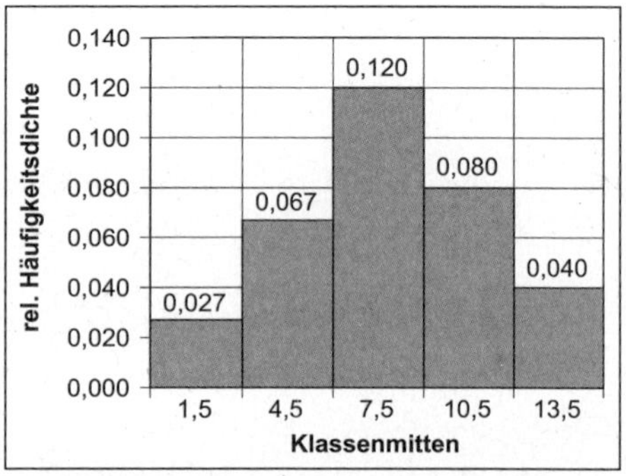


**5** a) Die Säule über der Klassenmitte 23 steht über dem Intervall (22; 24]. Man addiert die rechts davon stehenden Säulenflächen.
$2 \cdot (0{,}052 + 0{,}032 + 0{,}019 + 0{,}013 + 0{,}007 + 0{,}005 + 0{,}002 + 0{,}001 + 0{,}001) \approx 26{,}4\,\%$
Ca. ein Viertel aller Jugendlichen gelten als übergewichtig.
b) Während der Körperfülle nach unten hin (etwa durch den Knochenbau) „natürliche Grenzen“ gesetzt sind, ist dies nach oben hin kaum der Fall. Daher erklärt sich die „Rechtslastigkeit“ des Histogramms.

*S. 129* **6** a) Die Klassen sind verschieden breit, die Säulen des Diagramms stehen aber äquidistant.

b)

| Klassenmitte | 7,5 | 22,5 | 40 | 60 | 80 | 100 | 205 |
|---|---|---|---|---|---|---|---|
| Klassenbreite | 15 | 15 | 20 | 20 | 20 | 20 | 190 |
| relative Häufigkeit | 8,0 % | 35,7 % | 26,7 % | 12,3 % | 6,5 % | 2,8 % | 8,0 % |
| Häufigkeitsdichte | 0,0054 | 0,0238 | 0,0133 | 0,0062 | 0,0032 | 0,0014 | 0,0004 |

c) siehe Figur rechts.

d) Der Anteil der Autos mit weniger als dem empfohlenen Sicherheitsabstand von 50 m ist 8 % + 35,7 % + 26,7 % = 70,4 %. (Tatsächlich wäre das Verkehrsaufkommen im Berufsverkehr bei Einhaltung der Sicherheitsabstandsregel vielfach gar nicht zu bewältigen.)

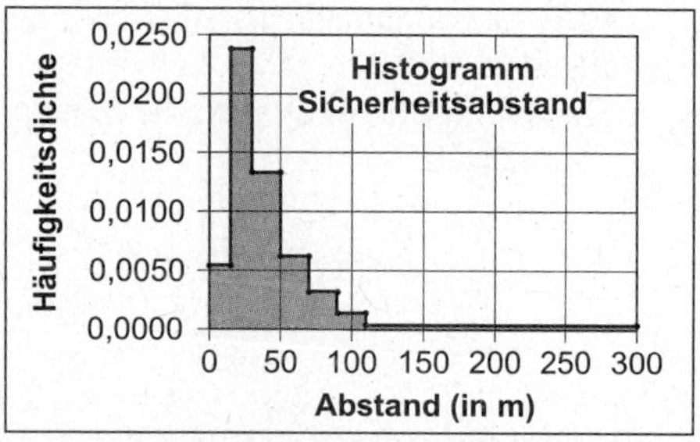


**7** In der Tat wird das Histogramm durch Vergrößerung der Klassenbreite geglättet.

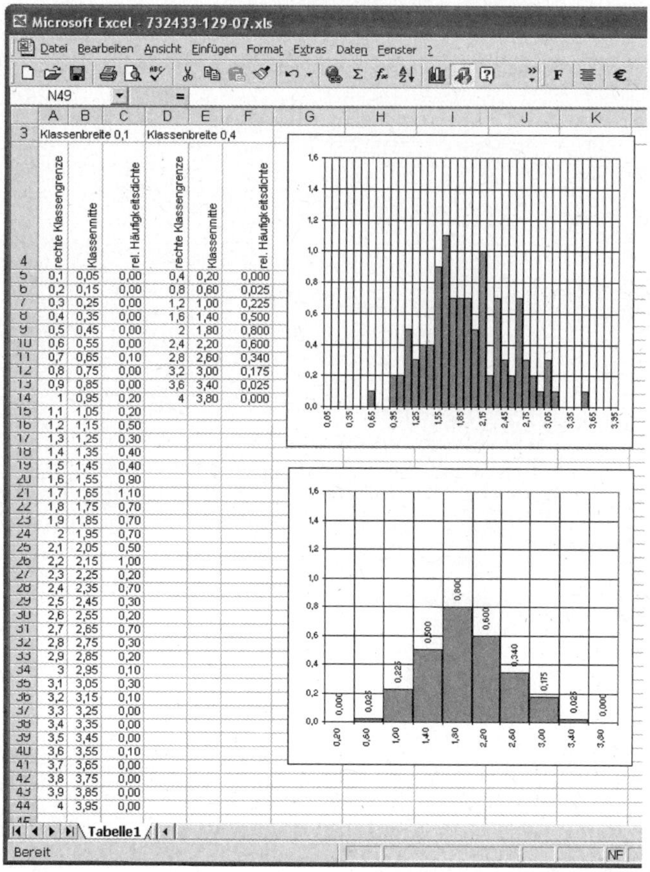

Microsoft Excel - 732433-129-07.xls

| | A | B | C | D | E | F |
|---|---|---|---|---|---|---|
| 3 | Klassenbreite 0,1 | | | Klassenbreite 0,4 | | |
| 4 | rechte Klassengrenze | Klassenmitte | rel. Häufigkeitsdichte | rechte Klassengrenze | Klassenmitte | rel. Häufigkeitsdichte |
| 5 | 0,1 | 0,05 | 0,00 | 0,4 | 0,20 | 0,000 |
| 6 | 0,2 | 0,15 | 0,00 | 0,8 | 0,60 | 0,025 |
| 7 | 0,3 | 0,25 | 0,00 | 1,2 | 1,00 | 0,225 |
| 8 | 0,4 | 0,35 | 0,00 | 1,6 | 1,40 | 0,500 |
| 9 | 0,5 | 0,45 | 0,00 | 2 | 1,80 | 0,800 |
| 10 | 0,6 | 0,55 | 0,00 | 2,4 | 2,20 | 0,600 |
| 11 | 0,7 | 0,65 | 0,10 | 2,8 | 2,60 | 0,340 |
| 12 | 0,8 | 0,75 | 0,00 | 3,2 | 3,00 | 0,175 |
| 13 | 0,9 | 0,85 | 0,00 | 3,6 | 3,40 | 0,025 |
| 14 | 1 | 0,95 | 0,20 | 4 | 3,80 | 0,000 |
| 15 | 1,1 | 1,05 | 0,20 | | | |
| 16 | 1,2 | 1,15 | 0,50 | | | |
| 17 | 1,3 | 1,25 | 0,30 | | | |
| 18 | 1,4 | 1,35 | 0,40 | | | |
| 19 | 1,5 | 1,45 | 0,40 | | | |
| 20 | 1,6 | 1,55 | 0,90 | | | |
| 21 | 1,7 | 1,65 | 1,10 | | | |
| 22 | 1,8 | 1,75 | 0,70 | | | |
| 23 | 1,9 | 1,85 | 0,70 | | | |
| 24 | 2 | 1,95 | 0,70 | | | |
| 25 | 2,1 | 2,05 | 0,50 | | | |
| 26 | 2,2 | 2,15 | 1,00 | | | |
| 27 | 2,3 | 2,25 | 0,20 | | | |
| 28 | 2,4 | 2,35 | 0,70 | | | |
| 29 | 2,5 | 2,45 | 0,30 | | | |
| 30 | 2,6 | 2,55 | 0,20 | | | |
| 31 | 2,7 | 2,65 | 0,70 | | | |
| 32 | 2,8 | 2,75 | 0,30 | | | |
| 33 | 2,9 | 2,85 | 0,20 | | | |
| 34 | 3 | 2,95 | 0,10 | | | |
| 35 | 3,1 | 3,05 | 0,30 | | | |
| 36 | 3,2 | 3,15 | 0,10 | | | |
| 37 | 3,3 | 3,25 | 0,00 | | | |
| 38 | 3,4 | 3,35 | 0,00 | | | |
| 39 | 3,5 | 3,45 | 0,00 | | | |
| 40 | 3,6 | 3,55 | 0,10 | | | |
| 41 | 3,7 | 3,65 | 0,00 | | | |
| 42 | 3,8 | 3,75 | 0,00 | | | |
| 43 | 3,9 | 3,85 | 0,00 | | | |
| 44 | 4 | 3,95 | 0,00 | | | |

**8** Individuelle Lösungen

**9** Individuelle Lösungen

## 2 *Mittelwert, Standardabweichung*

*S. 130* ***1*** Der Hahn aus der links stehenden Figur tropft schneller und regelmäßiger. Die Zeit zwischen zwei Tropfen ist kleiner, sie schwankt weniger.

*S. 131* ***2*** a) Histogramme nach steigendem Mittelwert geordnet:
Fig. 4 ($\overline{x} \approx 1$) – Fig. 5 ($\overline{x} \approx 2$) – Fig. 3 ($\overline{x} \approx 2{,}5$) – Fig. 2 ($\overline{x} \approx 2{,}8$)
b) Histogramme nach steigender Standardabweichung geordnet:
Fig. 4 ($s_x \approx 0{,}3$) – Fig. 3 ($s_x \approx 0{,}4$) – Fig. 2 ($s_x \approx 0{,}5$) – Fig. 5 ($s_x \approx 1$)
Hierbei empfiehlt es sich, die Standardabweichung aus dem Radius des 68 %-Intervalls zu schätzen.

***3*** a)

| | Klassenmitte | rel. Häufigkeit |
|---|---|---|
| | 2 | 13 % |
| | 6 | 56 % |
| | 10 | 31 % |
| Mittelwert | | 6,72 |
| Varianz | | 6,52 |
| Standardabweichung | | 2,55 |

b)

| | Klassenmitte | rel. Häufigkeit |
|---|---|---|
| | 0,2 | 13 % |
| | 0,6 | 56 % |
| | 1 | 31 % |
| Mittelwert | | 0,67 |
| Varianz | | 0,07 |
| Standardabweichung | | 0,26 |

c)

| | Klassenmitte | Dichte |
|---|---|---|
| | 1 | 0,08 |
| | 3 | 0,24 |
| | 5 | 0,18 |
| Mittelwert | | 3,40 |
| Varianz | | 1,92 |
| Standardabweichung | | 1,39 |

d)

| | Klassenmitte | Dichte |
|---|---|---|
| | 0,1 | 0,8 |
| | 0,3 | 2,4 |
| | 0,5 | 1,8 |
| Mittelwert | | 0,34 |
| Varianz | | 0,02 |
| Standardabweichung | | 0,14 |

***4*** a) Altenkämper: Mittelwert 51,84; Standardabweichung 3,02
b) Klein: Mittelwert 59,23; Standardabweichung 1,85
c) Altenkämper: Mittelwert 52,15; Standardabweichung 2,56
Klein: Mittelwert 59,72; Standardabweichung 0,79
Durch die sehr grobe Klasseneinteilung ergeben sich deutliche Unterschiede zwischen den beiden Rechenwegen.

# 3 *Glockenfunktionen – ein Exkurs in die Analysis*

*S. 132* **1** $f(x) = e^x$: schwarz; $g(x) = x^2$: grün; $h(x) = e^{-x}$: rot; $i(x) = e^{x^2}$: dunkelblau;
$m(x) = e^{-(x^2)}$: hellblau; $k(x) = e^{-x^2}$: wie $m(x)$; $l(x) = e^{(-x)^2}$: wie $i(x)$

*S. 134* **2** Die Lage der Hoch- und Wendepunkte entnimmt man der folgenden Tabelle:

| | | | Hochpunkt | | li. Wendepunkt | | re. Wendepunkt | |
|---|---|---|---|---|---|---|---|---|
| | μ | σ | x | y | x | y | x | y |
| a) | 0 | 1 | 0 | 0,399 | –1 | 0,242 | 1 | 0,242 |
| b) | –2 | 1 | –2 | 0,399 | –3 | 0,242 | –1 | 0,242 |
| c) | 2 | 1 | 2 | 0,399 | 1 | 0,242 | 3 | 0,242 |
| d) | 0 | 2 | 0 | 0,199 | –2 | 0,121 | 2 | 0,121 |
| e) | 2 | 4 | 2 | 0,100 | –2 | 0,060 | 6 | 0,060 |
| f) | 3 | 0,5 | 3 | 0,798 | 2,5 | 0,484 | 3,5 | 0,484 |
| g) | 4 | 0,2 | 4 | 1,995 | 3,8 | 1,210 | 4,2 | 1,210 |

zu a) bis e)

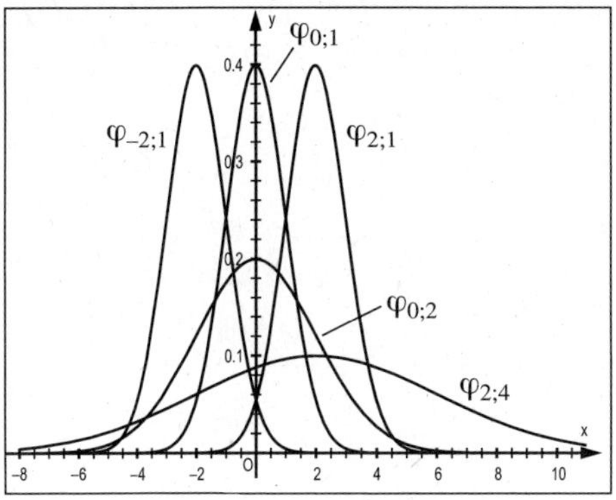


zu f), g):

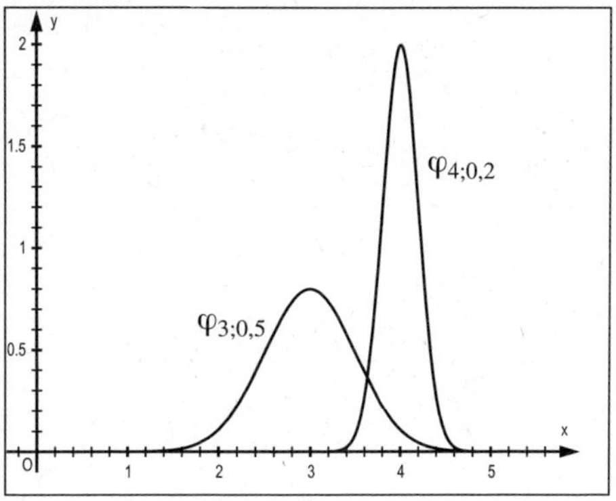


**3** a)

| Stelle | Funktionswert |
|---|---|
| 0 | 0,399 |
| 1 | 0,242 |
| 2 | 0,054 |
| –1,3 | 0,171 |

b)

| Stelle | Funktionswert |
|---|---|
| 1 | 0,121 |
| 3 | 0,199 |
| 4 | 0,176 |
| 5 | 0,121 |

c) Die Grafik zu $\varphi_{0;1}$ in Fig. 2 auf S. 132 im Schülerbuch ist im ersten Druck der 1. Auflage auf der Hochachse missverständlich beschriftet.

**4**

| | x | Diff.quotient | Ableitung |
|---|---|---|---|
| a) | 1,2 | 3,33677 | 3,32012 |
| b1) | 2 | 7,42612 | 7,38906 |
| b2) | 0 | 1,00502 | 1,00000 |
| b3) | –0,9 | 0,40861 | 0,40657 |

c) $f'(x) = 2e^{2x}$; $g'(x) = -e^{-x}$;
$h'(x) = -2e^{-2x}$; $i'(x) = 2(e^x)^2$, vgl. $f'(x)$;
$k'(x) = 2x \cdot e^{(x^2)}$; $l'(x) = -2x \cdot e^{-(x^2)}$

*S. 134* **5** a) $\varphi_{0;1}(-x) = \varphi_{0;1}(x)$
b) $D = \mathbb{R}$
c) $\varphi'_{0;1}(x) = -x\,\varphi_{0;1}(x)$; $\varphi''_{0;1}(x) = (x^2 - 1)\cdot\varphi_{0;1}(x)$
d) $\varphi'_{0;1}(x) = 0 \Leftrightarrow x = 0$ und es gilt $\varphi''_{0;1}(0) < 0$
e) $\varphi_{0;1}(x)$ ist dort maximal, wo $x^2$ minimal ist, also bei $x = 0$.
f) $H\left(0 \,\middle|\, \frac{1}{e} \approx 0{,}368\right)$
g) $\varphi''_{0;1}(x) = 0 \Leftrightarrow x = \pm 1$. $\varphi''_{0;1}(x)$ hat bei $x = -1$ einen +/– Vorzeichenwechsel, bei $x = 1$ einen –/+ Vorzeichenwechsel.
h) $W_{l/r}\left(-1 \,\middle|\, \frac{e^{-\frac{1}{2}}}{\sqrt{2\pi}} \approx 0{,}242\right)$; $W_{r/l}\left(1 \,\middle|\, \frac{e^{-\frac{1}{2}}}{\sqrt{2\pi}} \approx 0{,}242\right)$

**6** a) $\varphi_{\mu;\sigma}(\mu - x) = \varphi_{\mu;\sigma}(\mu + x)$
b) $\varphi_{\mu;\sigma}(x)$ ist dort maximal, wo $(x - \mu)^2$ minimal ist, also bei $x = \mu$.

**7** a), b), c)

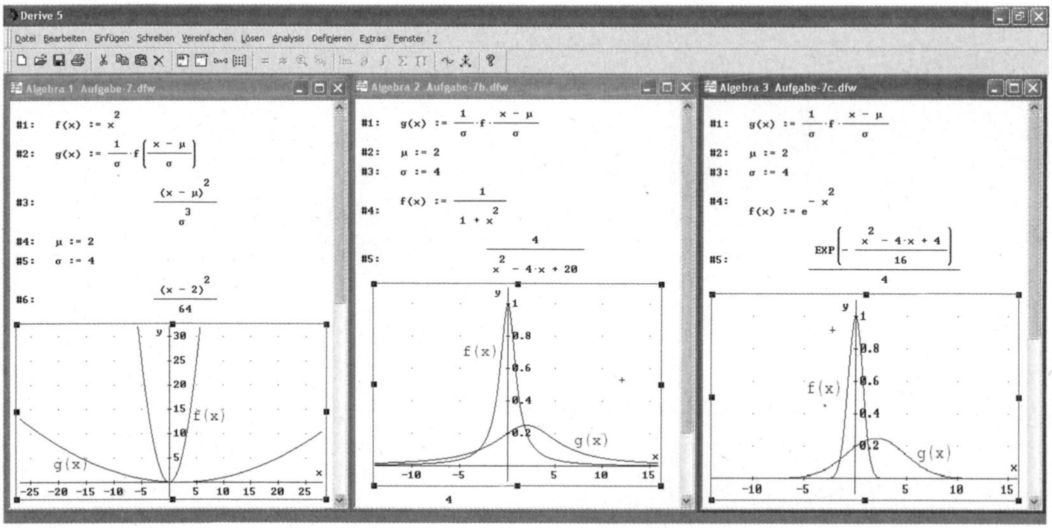


d) Es gilt: $g(\mu + \sigma\cdot x) = \frac{1}{\sigma} f\left(\frac{(\mu + \sigma\cdot x) - \mu}{\sigma}\right) = \frac{1}{\sigma} f(x)$. Wenn man den Funktionswert von f an der Stelle x um den Faktor $\frac{1}{\sigma}$ verkleinert, erhält man den Funktionswert von g an der Stelle $\mu + \sigma\cdot x$. Der Graph von g entsteht also aus dem Graphen von f durch
- Strecken in Richtung der x-Achse mit dem Faktor $\sigma$
- Stauchen in Richtung der y-Achse mit dem Faktor $\frac{1}{\sigma}$
- Verschieben in Richtung der x-Achse um den Wert $\mu$.

e) Durch Anwenden der Faktorregel und der Kettenregel folgt
$g'(x) = \frac{1}{\sigma^2} f'\left(\frac{x-\mu}{\sigma}\right)$ und $g''(x) = \frac{1}{\sigma^3} f''\left(\frac{x-\mu}{\sigma}\right)$.

*S. 134* **7** f) Wenn f an der Stelle a eine lokale Extremstelle hat, dann gilt $f'(a) = 0$, also $g'(\mu + \sigma \cdot a) = 0$. g hat also an der Stelle $\mu + \sigma \cdot a$ einen lokalen „Extremstellenkandidaten“. Wenn f′ bei a einen Vorzeichenwechsel hat, dann hat wegen e) g′ an der Stelle $\mu + \sigma \cdot a$ einen Vorzeichenwechsel.
g) Wenn f″ an der Stelle a einen Vorzeichenwechsel hat, dann hat wegen e) g″ an der Stelle $\mu + \sigma \cdot a$ einen Vorzeichenwechsel.

*S. 135* **8** a) 0,8849 b) 0,1251 c) 0,1841 d) 0,6319 e) 0,5198

**9** a) 0,5000 b) 0,9088 c) 0,4950 d) 0,8176 e) 0,9772

**10** a) 0,5000 b) 0,1587 c) 0,8186 d) 0,1587

**11** a) vgl. Spalte a) der Tabelle in Fig. 1.
b) 0,16 bzw. 0,29. Die Werte dieser Integrale stimmen mit den zugehörigen relativen Häufigkeiten gut überein (vgl. die Spalten a) und b) in Fig. 1 unten).
c) Siehe Fig. 1.

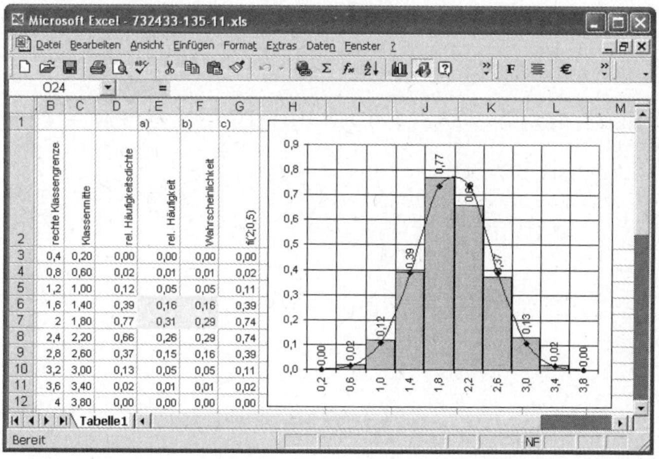


| rechte Klassengrenze | Klassenmitte | rel. Häufigkeitsdichte a) | rel. Häufigkeit b) | Wahrscheinlichkeit c) | f(2;0,5) |
|---|---|---|---|---|---|
| 0,4 | 0,20 | 0,00 | 0,00 | 0,00 | 0,00 |
| 0,8 | 0,60 | 0,02 | 0,01 | 0,01 | 0,02 |
| 1,2 | 1,00 | 0,12 | 0,05 | 0,05 | 0,11 |
| 1,6 | 1,40 | 0,39 | 0,16 | 0,16 | 0,39 |
| 2 | 1,80 | 0,77 | 0,31 | 0,29 | 0,74 |
| 2,4 | 2,20 | 0,66 | 0,26 | 0,29 | 0,74 |
| 2,8 | 2,60 | 0,37 | 0,15 | 0,16 | 0,39 |
| 3,2 | 3,00 | 0,13 | 0,05 | 0,05 | 0,11 |
| 3,6 | 3,40 | 0,02 | 0,01 | 0,01 | 0,02 |
| 4 | 3,80 | 0,00 | 0,00 | 0,00 | 0,00 |

Fig. 1

**12**

| x | Differenzenquotient | Funktionswert |
|---|---|---|
| 0 | 0,3989 | 0,3989 |
| 1 | 0,2408 | 0,2420 |
| 1,5 | 0,1285 | 0,1295 |

Da Φ Stammfunktion von φ ist, gilt $\frac{\Phi(x+h) - \Phi(x)}{h} \approx \varphi(x)$ für kleines h.

**13** a), b)

| x | $f_i(x)$ | $f_i(x) \cdot 0{,}25$ | $f_i(x) \cdot 0{,}25$ |
|---|---|---|---|
| 0 | 0,3989 | 0,0997 | |
| 0,25 | 0,3867 | 0,0967 | 0,0967 |
| 0,5 | 0,3521 | 0,0880 | 0,0880 |
| 0,75 | 0,3011 | 0,0753 | 0,0753 |
| 1 | 0,2420 | | 0,0605 |
| Obersumme | | 0,3597 | |
| Untersumme | | | 0,3205 |
| Integral | | 0,3413 | |

Natürlich liegt der Wert des Integrals zwischen den Werten für die Ober- und Untersumme. Der Mittelwert aus Ober- und Untersumme (0,3401) ist etwas kleiner als der Wert des Integrals, da der Integrand über dem Integrationsintervall rechtsgekrümmt ist.

*S. 135* **14** a) Wenn $h_1, \dots, h_n$ die relativen Häufigkeiten sind, die zu den einzelnen Klassen gehören, dann gilt

$\overline{x} \approx h_1 \cdot x_1 + \dots + h_n \cdot x_n = d \cdot f_1 \cdot x_1 + \dots + d \cdot f_n \cdot x_n = d \cdot (f_1 \cdot x_1 + \dots + f_n \cdot x_n)$.

Eine entsprechende Beziehung liefert das angegebene Ergebnis für $s_x$.

b) Für $\mu = 0$ und $\sigma = 1$ gilt

$$\int_a^b x \cdot \varphi_{0;1}(x)\,dx = -\int_a^b \varphi'_{0;1}(x)\,dx = -[\varphi_{0;1}]_a^b \to 0 \;(= \mu) \text{ für } a \to -\infty;\ b \to \infty.$$

$$\int_a^b x^2 \cdot \varphi_{0;1}(x)\,dx = -\int_a^b x \cdot \varphi'_{0;1}(x)\,dx = -[x \cdot \varphi_{0;1}]_a^b + \int_a^b \varphi_{0;1}(x)\,dx \to 1 \;(= \sigma)$$

für $a \to -\infty$; $b \to \infty$.

Den „allgemeinen Fall“ kann man hierauf zurückführen:

$$\int_a^b (x-\mu) \cdot \varphi_{\mu;\sigma}(x)\,dx = \sigma \int_a^b \left(\frac{x-\mu}{\sigma}\right) \cdot \frac{1}{\sigma} \cdot \varphi_{0;1}\left(\frac{x-\mu}{\sigma}\right) dx = \sigma \int_{\frac{a-\mu}{\sigma}}^{\frac{b-\mu}{\sigma}} x \cdot \varphi_{0;1}(x)\,dx \to 0$$

für $a \to -\infty$; $b \to \infty$.

Daraus folgt $\int_{-\infty}^{\infty} x \cdot \varphi_{\mu;\sigma}(x)\,dx = \mu \cdot \int_{-\infty}^{\infty} \varphi_{\mu;\sigma}(x)\,dx = \mu$.

Man kann auch wie folgt argumentieren:

$$\int_a^b x \cdot \varphi_{\mu;\sigma}(x)\,dx = \int_a^b x \cdot \frac{1}{\sigma} \cdot \varphi_{0;1}\left(\frac{x-\mu}{\sigma}\right) dx = \int_{a-\mu}^{b-\mu} (x+\mu) \cdot \frac{1}{\sigma} \cdot \varphi_{0;1}\left(\frac{x}{\sigma}\right) dx$$

$$= \int_{a-\mu}^{b-\mu} x \cdot \frac{1}{\sigma} \cdot \varphi_{0;1}\left(\frac{x}{\sigma}\right) dx + \mu \int_{a-\mu}^{b-\mu} \frac{1}{\sigma} \cdot \varphi_{0;1}\left(\frac{x}{\sigma}\right) dx = \int_{\frac{a-\mu}{\sigma}}^{\frac{b-\mu}{\sigma}} x \cdot \varphi_{0;1}(x)\,dx + \mu \int_{\frac{a-\mu}{\sigma}}^{\frac{b-\mu}{\sigma}} \varphi_{0;1}(x)\,dx \to 0 + \mu$$

für $a \to -\infty$; $b \to \infty$.

$$\int_a^b (x-\mu)^2 \cdot \varphi_{\mu;\sigma}(x)\,dx = \sigma^2 \int_a^b \left(\frac{x-\mu}{\sigma}\right)^2 \cdot \frac{1}{\sigma} \cdot \varphi_{0;1}\left(\frac{x-\mu}{\sigma}\right) dx = \sigma^2 \int_{\frac{a-\mu}{\sigma}}^{\frac{b-\mu}{\sigma}} x^2 \cdot \varphi_{0;1}(x)\,dx \to \sigma^2$$

für $a \to -\infty$; $b \to \infty$.

c) Die in a) genannten Formeln bekommen die Bedeutung von Treppensummen, es gilt also $\overline{x} \approx \int_{-\infty}^{\infty} x \cdot \varphi_{\mu;\sigma}(x)\,dx = \mu$ und $s_x \approx \sqrt{\int_{-\infty}^{\infty} (x-\mu)^2 \cdot \varphi_{\mu;\sigma}(x)\,dx} = \sigma$.

## 4 *Die Normalverteilung – Modell und Wirklichkeit*

*S. 136* **1** Bei der letzten Zeile handelt es sich um Wahrscheinlichkeiten. Die Wahrscheinlichkeiten gegenüberliegender Quaderseiten gleichen einander. Die zugehörigen relativen Häufigkeiten sind meist nur näherungsweise gleich.

*S. 138* **2** a) 0,5000 b) 0,5000 c) 0,6827 d) 0,4772 e) 0,1587 f) 0,0000

**3** a) 0,4801 b) 0,5199 c) 0,7063 d) 0,4998 e) 0,1711 f) 0,0242

*S. 138* ***4*** a) 0,158 519; 0,079 656; 0,015 957; 0,000 000
b) 0,159 577; 0,079 788; 0,015 958
Man erkennt: Wenn man den Funktionswert der Wahrscheinlichkeitsdichte mit der Intervallbreite multipliziert, erhält man näherungsweise die Wahrscheinlichkeit des zugehörigen Intervalls. Die Übereinstimmung ist umso besser, je kleiner das Intervall ist.

***5*** 0,022 750

***6*** a) Wahrscheinlichkeiten
Jungen: $P(X \leqq 47{,}5) = 9{,}69\,\%$; $P(X \geqq 87{,}5) = 7{,}75\,\%$
Mädchen: $P(X \leqq 47{,}5) = 16{,}46\,\%$; $P(X \geqq 87{,}5) = 1{,}14\,\%$
b) Relative Häufigkeiten
Auf der Rechtsachse sind die Klassenmitten notiert. Man addiert die relativen Häufigkeiten aller Säulen bis zur Klassenmitte 45 bzw. ab Klassenmitte 90.
Jungen: $0{,}3\,\% + 1{,}1\,\% + 3{,}7\,\% = 5{,}1\,\%$; also $h(X \leqq 47{,}5) = 5{,}1\,\%$
$3{,}1\,\% + 2{,}5\,\% + 1{,}4\,\% + 0{,}7\,\% + 0{,}8\,\% + 0{,}7\,\% + 0{,}2\,\% + 0{,}1\,\% = 9{,}5\,\%$;
also $h(X \leqq 87{,}5) = 9{,}5\,\%$
Mädchen: $1{,}3\,\% + 3{,}7\,\% = 5\,\%$; also $h(X \leqq 47{,}5) = 4{,}97\,\%$
$1{,}8\,\% + 0{,}9\,\% + 0{,}7\,\% + 0{,}4\,\% + 0{,}2\,\% + 0{,}1\,\% + 0{,}2\,\% + 0{,}2\,\% + 0{,}1\,\% = 4{,}6\,\%$
also $h(X \leqq 87{,}5) = 4{,}6\,\%$
c) Das Gewicht liegt bei beiden Geschlechtern
– „viel häufiger“ über 87,5 kg
– „viel seltener“ unter 47,5 kg
als bei Vorliegen einer Normalverteilung zu erwarten wäre.
Tatsächlich ist das Körpergewicht nicht normalverteilt, da die Gewichtsverteilung nicht achsensymmetrisch ist.

***7*** a) 0,9545 ($2\sigma$-Intervall)
b) Wenn (bei gleichem $\mu$) $\sigma$ wächst, wird diese Wahrscheinlichkeit kleiner.
c) Wenn sich (bei gleichem $\sigma$) $\mu$ ändert, wird die Wahrscheinlichkeit kleiner.

***8*** Es gilt $P(85 \leqq X \leqq 115) \approx 68{,}3\,\%$ (nach der Sigmaregel); $P(115 \leqq X) \approx 15{,}9\,\%$; $P(130 \leqq X) \approx 2{,}3\,\%$. Die Zeitungsangaben stimmen.

*S. 139* ***9***

| | linke | rechte Intervallgrenze |
|---|---|---|
| a) | 6,99 | 9,41 |
| b) | 5,89 | 10,51 |
| c) | 5,24 | 11,16 |
| d) | 4,67 | 11,73 |
| e) | 3,56 | 12,83 |

***10*** a) Bei normalverteilten Merkmalen hat die Wahrscheinlichkeit, dass man einen „Sollwert“, hier 200 ml, erhält, den Wert 0.
b) Mittelwert der Abweichungen vom Sollwert: 1,96 ml; Standardabweichung 3,65 ml
c) $P(X > 6\,\text{ml}) = 13{,}4\,\%$; $P(X < -6\,\text{ml}) = 1{,}4\,\%$

*S. 139* **11** 9,88 %

**12** a) Es gilt $P(X \leqq 2500) = 93\,\%$; $\Phi\left(\frac{2500-\mu}{\sigma}\right) = 93\,\%$; $\Phi(1{,}48) = 93\,\%$.

Also $\frac{2500-611}{\sigma} = 1{,}48$. Hieraus ergibt sich $\sigma = 1276$.

b) $P(X \leqq 100) = \Phi\left(\frac{100-611}{\sigma}\right) = 34\,\%$ Zeitung: 9 %

$P(100 < X \leqq 500) = \Phi\left(\frac{500-611}{\sigma}\right) - \Phi\left(\frac{100-611}{\sigma}\right) = 12\,\%$ Zeitung: 37 %

$P(500 < X \leqq 2500) = \Phi\left(\frac{2500-611}{\sigma}\right) - \Phi\left(\frac{500-611}{\sigma}\right) = 47\,\%$ Zeitung: 47 %

c) Die Übereinstimmung mit den Angaben des Zeitungsartikels sind schlecht. Man kann also nicht davon ausgehen, dass die Beträge auf den Konten junger Bankkunden normalverteilt sind.

**13** Holger sollte sich bewusst sein, dass die Mittelwerte und Standardabweichungen nur stichprobenabhängige Schätzwerte für den Erwartungswert und die Standardabweichung der zu Grunde liegenden Wahrscheinlichkeitsverteilung sind. Oft ist die Annahme einer Normalverteilung gerechtfertigt, aber eben nicht immer.

**14** Mit Wahrscheinlichkeiten „modelliert“ man die Wirklichkeit. Sie drücken Erwartungen über relative Häufigkeiten in zukünftigen Stichproben oder Zufallsversuchen aus. Wenn der Intelligenzquotient in einer Population normalverteilt ist mit dem Erwartungswert $\mu = 100$ und der Standardabweichung 15, dann erwartet man, dass bei einer repräsentativen Stichprobe etwa 68 % aller Versuchsteilnehmer einen Intelligenzquotienten zwischen 85 und 115 haben werden. Der Mittelwert der Versuchsergebnisse wird bei 100 liegen. Häufig beschreiben angenommene Wahrscheinlichkeiten die Wirklichkeit nur sehr unzureichend (man vergleiche etwa Aufgabe 12).

## 5 *Steigerung der Messgenauigkeit durch Mittelwertbildung*

*S. 140* **1** Beide schätzen den durchschnittlichen Tagesverbrauch; Herr Moll durch eine einzige Messung, Anja (unausgesprochen) als Mittelwert aus 5 Messungen. Da sich Zufallsschwankungen durch Mittelwertbildung „gegenseitig ausgleichen“, ist Anjas Ergebnis zuverlässiger. Beide multiplizieren den geschätzten Tagesverbrauch mit der Anzahl der Tage.

*S. 141* **2** Man berechnet die $2\sigma$-Intervalle.

a)

| n | von | bis |
|---|---|---|
| 1 | 3,0 | 7,0 |
| 4 | 4,0 | 6,0 |
| 16 | 4,5 | 5,5 |
| 400 | 4,9 | 5,1 |

b)

| n | von | bis |
|---|---|---|
| 1 | –60,0 | 260,0 |
| 10 | 49,4 | 150,6 |
| 100 | 84,0 | 116,0 |
| 1000 | 94,9 | 105,1 |

S. 141 **3** Zu lösen ist die Ungleichung $\frac{2\sigma}{\sqrt{n}} \leqq 0{,}1 \Leftrightarrow n \geqq 400\,\sigma^2$.

a) $n \geqq 1600$ b) $n \geqq 1600$ c) $n \geqq 6400$ d) $n \geqq 100$ e) $n \geqq 1$

**4** $\frac{0{,}1}{\sqrt{n}} \leqq 0{,}01 \Leftrightarrow n \geqq 100$

**5** Man berechnet die 2σ-Intervalle.

a)

| n | von | bis |
|---|---|---|
| 1 | 3 | 7 |
| 4 | 16 | 24 |
| 16 | 72 | 88 |
| 400 | 1960 | 2040 |

b)

| n | von | bis |
|---|---|---|
| 1 | –60,00 | 260,00 |
| 10 | 494,04 | 1505,96 |
| 100 | 8400,00 | 11 600,00 |
| 1000 | 94 940,36 | 105 059,64 |

**6** Man berechnet das 2σ-Intervall (Maßeinheit Meter).
$[2000 \cdot 0{,}65 - 2\sqrt{2000} \cdot 0{,}03;\ 2000 \cdot 0{,}65 + 2\sqrt{2000} \cdot 0{,}03] = [1297{,}32;\ 1302{,}68]$

**7** a) 34,15 % b) 2,06 % c) 5,12 %

# 6 *Testen und Schätzen*

S. 142 **1** Natürlich liegen die Blonden in **dieser Stichprobe** vor den Schwarzhaarigen. Aber auch wenn alle beteiligten Gruppen absolut den gleichen IQ besäßen, läge eine Gruppe allein auf Grund von Zufallsschwankungen vorne. Die Ergebnisse liegen so dicht beieinander, dass sie die Behauptung, der IQ sei von der Haarfarbe abhängig, nicht widerlegen.
Die Situation ist vergleichbar mit dem 100-maligen Wurf eines fairen Würfels, der für die Augenzahlen die folgende relative Häufigkeitsverteilung lieferte: 1: 20-mal; 2: 15-mal; 3: 18-mal; 4: 16-mal; 5: 17-mal; 6: 14-mal.

S. 144 **2**

| | | 2σ-Intervall | | Hypothese |
|---|---|---|---|---|
| | n | von | bis | verwerfen |
| a) | 5 | 35,528 | 44,472 | nein |
| b) | 45 | 38,509 | 41,491 | nein |
| c) | 200 | 39,293 | 40,707 | ja |
| | $\overline{x}$ | von | bis | |
| d) | 35 | 35,528 | 44,472 | ja |
| e) | 38 | 35,528 | 44,472 | nein |
| f) | 39 | 35,528 | 44,472 | nein |

S. 144 **3**

| | n | $\bar{x}$ | Vertrauensintervall von | bis |
|---|---|---|---|---|
| a) | 5 | 39 | 34,528 | 43,472 |
| b) | 45 | 39 | 37,509 | 40,491 |
| c) | 200 | 39 | 38,293 | 39,707 |
| d) | 100 | 35 | 34 | 36 |
| e) | 100 | 38 | 37 | 39 |
| f) | 100 | 39 | 38 | 40 |

**4** Wenn das Gewicht einer Tüte normalverteilt ist mit $\mu = 500$ und $\sigma = 5$, dann ist der Mittelwert aus 10 Gewichten normalverteilt mit $\mu = 500$ und $\sigma = \frac{5}{\sqrt{10}}$. Der Mittelwert müsste dann mit ca. 95 % Wahrscheinlichkeit im $2\sigma$-Intervall [496,84; 503,16] liegen. Der beobachtete Wert liegt außerhalb, die Hypothese muss verworfen werden.

**5** Wenn die Behauptung stimmen würde, dann müsste der Mittelwert mit der Wahrscheinlichkeit von ca. 95 % im Intervall $\left[450000 - 2\frac{100000}{\sqrt{8}};\ 450000 + 2\frac{100000}{\sqrt{8}}\right] =$ [379 289; 520 711] liegen. Der beobachtete Wert liegt außerhalb, man kann die Behauptung des Gebrauchtwagenhändlers verwerfen.

**6** Wenn das Gewicht der Kirschen in diesem Jahr durch die gleiche Normalverteilung beschrieben würde, müsste der Mittelwert zu 100 Kirschen mit ca. 95 % Wahrscheinlichkeit im Intervall $\left[15 - 2\frac{3}{\sqrt{100}};\ 15 + 2\frac{3}{\sqrt{100}}\right] = [14{,}4;\ 15{,}6]$ liegen. Der beobachtete Mittelwert liegt innerhalb dieses Intervalls. Die Hypothese einer unveränderten Normalverteilung kann noch nicht verworfen werden.

S. 145 **7** a) Klasse 5: $\left[25 - \frac{2\cdot 5}{\sqrt{180}};\ 25 + \frac{2\cdot 5}{\sqrt{180}}\right] \approx [24{,}3;\ 25{,}7]$

Klasse 6: $\left[23 - \frac{2\cdot 7}{\sqrt{115}};\ 23 + \frac{2\cdot 7}{\sqrt{115}}\right] \approx [21{,}7;\ 24{,}3]$

b) Hypothesen über den („gemeinsamen“) Erwartungswert $\mu$ der Wurfweite, die im Durchschnitt beider Konfidenzintervalle liegen, sind mit beiden Versuchsergebnissen vereinbar.

c) Wenn sich die Konfidenzintervalle nicht überschneiden, muss man die Annahme eines gleichen Erwartungswertes für die beiden Versuchsgruppen fallen lassen. Das ist hier der Fall.

**8** a) Man erhält die folgenden Konfidenzintervalle: Linkshänder: von 96,6 bis 123,4; Rechtshänder: von 109,9 bis 124,1. Der Mittelwert der Linkshänder liegt im Konfidenzintervall der Rechtshänder. Der Mittelwert der Rechtshänder liegt im Konfidenzintervall der Linkshänder. Die Zeitungsmeldung ist nicht gerechtfertigt.

S. 145 **9** Man berechnet die 2σ-Intervalle $\left[n \cdot \mu - 2\sigma\sqrt{n};\ n \cdot \mu + 2\sigma\sqrt{n}\right]$ und prüft, ob die Summe 1000 in diesem Intervall enthalten ist.

| | n | 2σ-Intervall von | bis | Hypothese verwerfen |
|---|---|---|---|---|
| a) | 210 | 8255,1 | 8544,9 | ja |
| b) | 230 | 9048,3 | 9351,7 | ja |
| c) | 250 | 9841,9 | 10158,1 | nein |
| | σ | von | bis | |
| d) | 5 | 840,0 | 920,0 | ja |
| e) | 10 | 800,0 | 960,0 | ja |
| f) | 20 | 720,0 | 1040,0 | nein |

**10**

| | μ | von | bis |
|---|---|---|---|
| a) | 40 | 22,6219 | 27,6281 |
| b) | 20 | 43,4113 | 57,5887 |
| c) | 10 | 81,9002 | 122,1 |
| | σ | von | bis |
| d) | 5 | 23,7809 | 26,2816 |
| e) | 10 | 22,6219 | 27,6281 |
| f) | 20 | 20,4751 | 30,5249 |

**11** Angegeben sind die Vertrauensintervalle „von" … „bis".

| | μ | σ | von | bis |
|---|---|---|---|---|
| a) | 1,7 | 0,3 | 7029 | 7089 |
| b) | 1,7 | 0,5 | 7010 | 7108 |
| c) | 1,7 | 2 | 6864 | 7259 |

**12** Das 95%-Vertrauensintervall für die Anzahl der Schritte, die Anja benötigt, ist [1533; 1545].

# 7 *Vermischte Aufgaben*

*S. 146* **1** a)

| Kl.mitte | abs. H. | rel. H. | Dichte |
|---|---|---|---|
| 9,7 | 0 | 0,0 % | 0,000 |
| 9,9 | 1 | 1,9 % | 0,093 |
| 10,1 | 9 | 16,7 % | 0,833 |
| 10,3 | 17 | 31,5 % | 1,574 |
| 10,5 | 16 | 29,6 % | 1,481 |
| 10,7 | 5 | 9,3 % | 0,463 |
| 10,9 | 5 | 9,3 % | 0,463 |
| 11,1 | 1 | 1,9 % | 0,093 |
| 11,3 | 0 | 0,0 % | 0,000 |
| Summe | 54 | 100,0 % | 5,000 |

b)

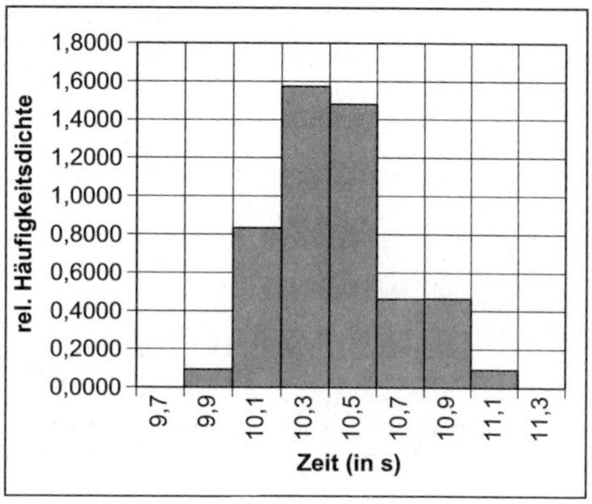


c) Mittelwert: 10,426; Standardabweichung: 0,256; Varianz: 0,066
d) σ-Intervall: von 10,2 bis 10,7. Relative Häufigkeit: 65,7 %.
Die Sigmaregel liefert eine gute Schätzung.

**2** a) Das Durchschnittsalter ist bei den Frauen offensichtlich etwas kleiner als bei den Männern.
b) Das Durchschnittsalter der Frauen beträgt 32,5 Jahre. Es liegt 1,4 Jahre unter dem Durchschnittsalter der Männer (dies betrug 33,9 Jahre – Druckfehler im ersten Druck des Schülerbuchs).
c) Die Häufigkeitsdichten für die Frauen sind

| Klassenmitte | rel. Häuf.dichte |
|---|---|
| 17 | 0,0036 |
| 19 | 0,0866 |
| 25 | 0,0208 |
| 32,5 | 0,0396 |
| 37,5 | 0,0381 |
| 42,5 | 0,0227 |
| 47,5 | 0,0131 |
| 52,5 | 0,0058 |
| 57,5 | 0,0025 |
| 62,5 | 0,0004 |
| 67,5 | 0,0001 |

d) Histogramm der Altersverteilung für die Frauen:

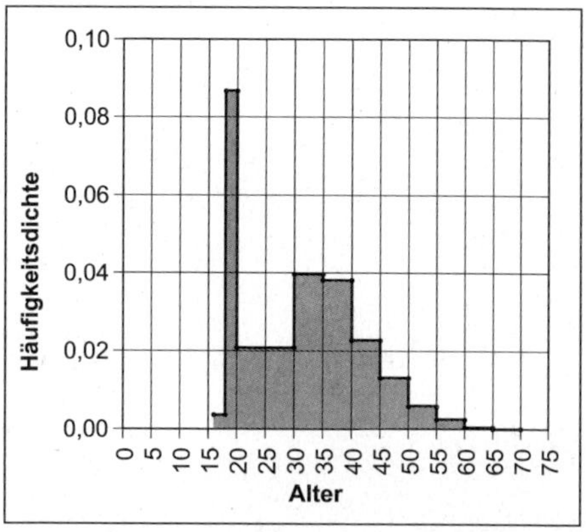

*S. 146* **3** a) $\varphi_{2;0,5}$: W(1,5|0,4839); H(2|0,7979); W(2,5|0,4839)
$\varphi_{2;1}$: W(1|0,1080); H(2|0,7979); W(3|0,1080)
$\varphi_{2;2}$: W(0|0,0003); H(2|0,7979); W(4|0,0003)
b) $\varphi_{0;0,5}$: W(–0,5|0,4839); H(0|0,7979); W(0,5|0,4839)
$\varphi_{2;0,5}$: W(1,5|0,4839); H(2|0,7979); W(2,5|0,4839)
$\varphi_{3;0,5}$: W(2,5|0,4839); H(3|0,7979); W(3,5|0,4839)

zu a):

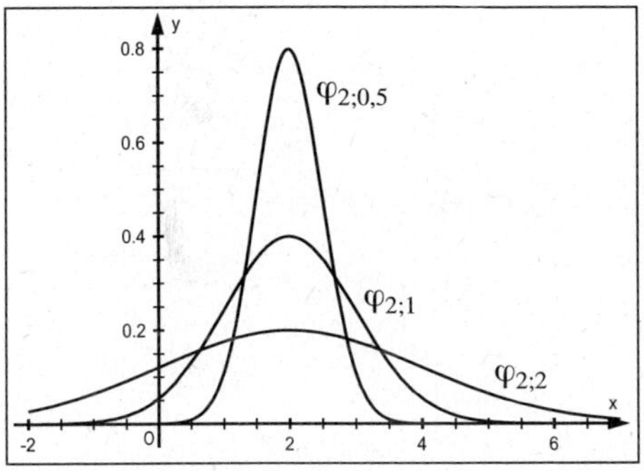


zu b):

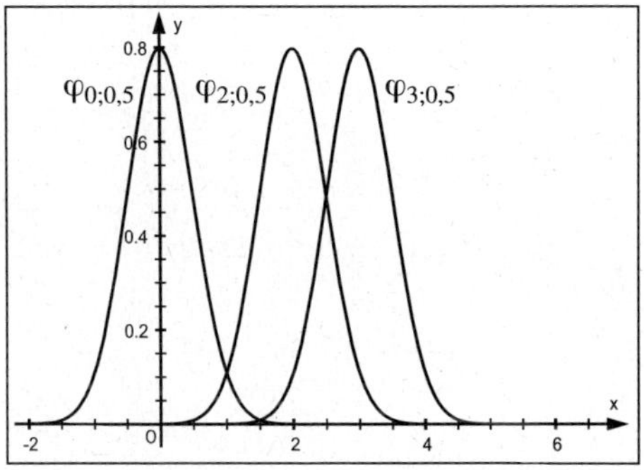


**4** a) 0,0228; 0,5000; 0,9772 b) 0,1587; 0,1587
Aus Symmetriegründen
– ergänzen sich das erste und das dritte Integral in Aufgabenteil a) zu 1
– haben die Integrale in Aufgabenteil b) den gleichen Wert.

**5** a) 3,187 % b) 3,189 % c) 34,164 % d) 23,823 %

*S. 147* **6** a) 6,9437 % b) 30,1532 %
Die Übereinstimmungen sind recht gut.

**7** a) 11,7 % b) 5,0 % c) 35,4 %

**8** a),b)
$P(235 < X \leqq 265) = 29{,}23\,\%$ relative Häufigkeit: 29,4 %
$P(X \leqq 205) = 13{,}03\,\%$ relative Häufigkeit: 13,0 %
$P(X > 265) = 35{,}38\,\%$ relative Häufigkeit: 33,7 %
$P(245 < X < 255) = 9{,}95\,\%$ relative Häufigkeit: 11,1 %
c) [246,1; 253,9]
d) Die Hypothese kann in einem statistischen Test verworfen werden.

**9** a) [1,4 s; 1,8 s] b) [1,529 s; 1,6707 s] c) [11,69 m; 13,956 m]

10 a) Nach 15 Stunden ist der Tunnel mit 3 % Wahrscheinlichkeit fertig; nach 17 h beträgt die Wahrscheinlichkeit 36 %.
b) Das 95 %-Vertrauensintervall ist [14,92; 20,52].

# *Mathematische Exkursionen*

*S. 148* **1** Beispiel einer Auswertung:

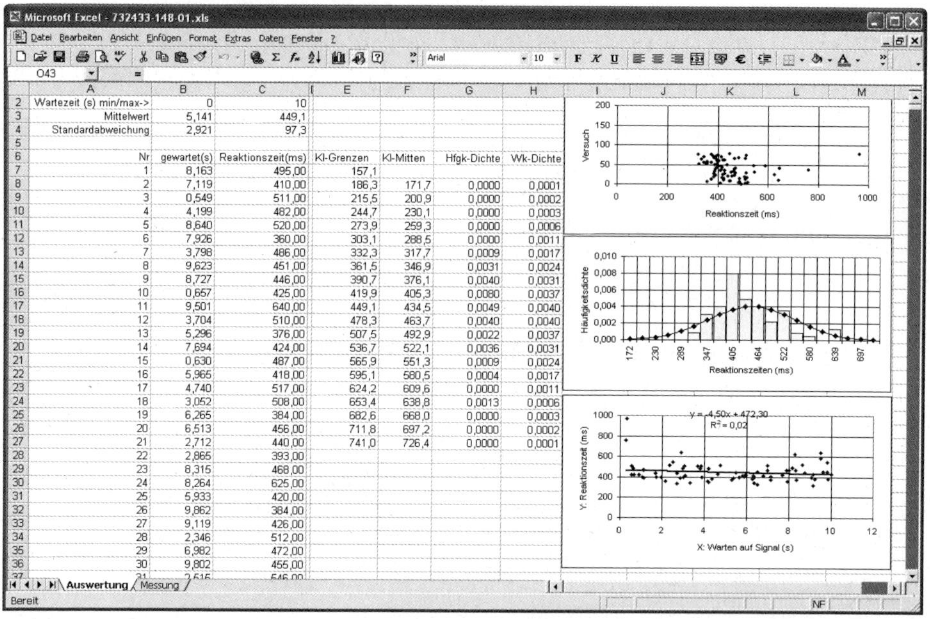


| | A | B | C | E | F | G | H |
|---|---|---|---|---|---|---|---|
| 2 | Wartezeit (s) min/max-> | 0 | 10 | | | | |
| 3 | Mittelwert | 5,141 | 449,1 | | | | |
| 4 | Standardabweichung | 2,921 | 97,3 | | | | |
| 5 | | | | | | | |
| 6 | Nr | gewartet(s) | Reaktionszeit(ms) | Kl-Grenzen | Kl-Mitten | Hfgk-Dichte | Wk-Dichte |
| 7 | 1 | 8,163 | 495,00 | 157,1 | | | |
| 8 | 2 | 7,119 | 410,00 | 186,3 | 171,7 | 0,0000 | 0,0001 |
| 9 | 3 | 0,549 | 511,00 | 215,5 | 200,9 | 0,0000 | 0,0002 |
| 10 | 4 | 4,199 | 482,00 | 244,7 | 230,1 | 0,0000 | 0,0003 |
| 11 | 5 | 8,640 | 520,00 | 273,9 | 259,3 | 0,0000 | 0,0006 |
| 12 | 6 | 7,926 | 360,00 | 303,1 | 288,5 | 0,0000 | 0,0011 |
| 13 | 7 | 3,798 | 486,00 | 332,3 | 317,7 | 0,0009 | 0,0017 |
| 14 | 8 | 9,623 | 451,00 | 361,5 | 346,9 | 0,0031 | 0,0024 |
| 15 | 9 | 8,727 | 446,00 | 390,7 | 376,1 | 0,0040 | 0,0031 |
| 16 | 10 | 0,657 | 425,00 | 419,9 | 405,3 | 0,0080 | 0,0037 |
| 17 | 11 | 9,501 | 640,00 | 449,1 | 434,5 | 0,0049 | 0,0040 |
| 18 | 12 | 3,704 | 510,00 | 478,3 | 463,7 | 0,0040 | 0,0040 |
| 19 | 13 | 5,296 | 376,00 | 507,5 | 492,9 | 0,0022 | 0,0037 |
| 20 | 14 | 7,694 | 424,00 | 536,7 | 522,1 | 0,0036 | 0,0031 |
| 21 | 15 | 0,630 | 487,00 | 565,9 | 551,3 | 0,0009 | 0,0024 |
| 22 | 16 | 5,965 | 418,00 | 595,1 | 580,5 | 0,0004 | 0,0017 |
| 23 | 17 | 4,740 | 517,00 | 624,2 | 609,6 | 0,0000 | 0,0011 |
| 24 | 18 | 3,052 | 508,00 | 653,4 | 638,8 | 0,0013 | 0,0006 |
| 25 | 19 | 6,265 | 384,00 | 682,6 | 668,0 | 0,0000 | 0,0003 |
| 26 | 20 | 6,513 | 456,00 | 711,8 | 697,2 | 0,0000 | 0,0002 |
| 27 | 21 | 2,712 | 440,00 | 741,0 | 726,4 | 0,0000 | 0,0001 |
| 28 | 22 | 2,865 | 393,00 | | | | |
| 29 | 23 | 8,315 | 468,00 | | | | |
| 30 | 24 | 8,264 | 625,00 | | | | |
| 31 | 25 | 5,933 | 420,00 | | | | |
| 32 | 26 | 9,862 | 384,00 | | | | |
| 33 | 27 | 9,119 | 426,00 | | | | |
| 34 | 28 | 2,346 | 512,00 | | | | |
| 35 | 29 | 6,982 | 472,00 | | | | |
| 36 | 30 | 9,802 | 455,00 | | | | |

*S. 149* **2** Hier hat die Testperson versucht, den Halbsekundentakt zu treffen. Die Grafiken kann man im Einzelfall durch Wahl der Achsenskalierungen den Versuchsergebnisse anpassen.

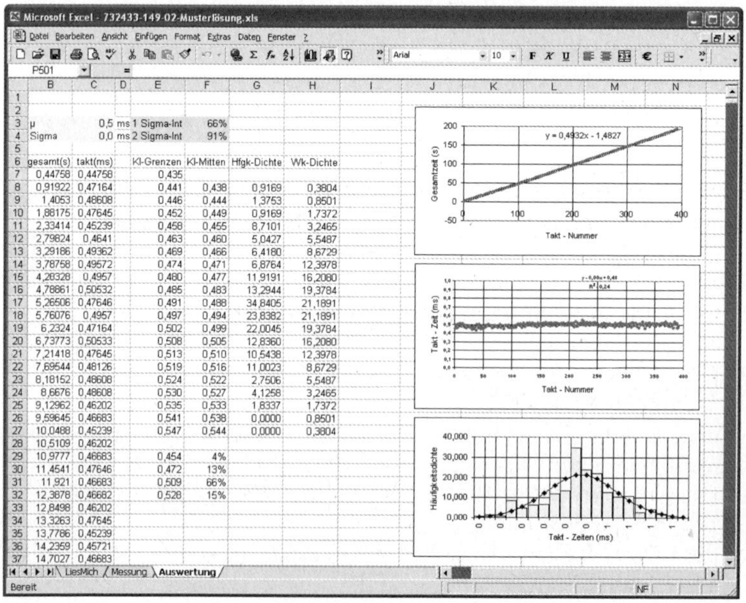


| | B | C | D | E | F | G | H |
|---|---|---|---|---|---|---|---|
| 1 | | | | | | | |
| 2 | | | | | | | |
| 3 | μ | 0,5 | ms | 1 Sigma-Int | 66% | | |
| 4 | Sigma | 0,0 | ms | 2 Sigma-Int | 91% | | |
| 5 | | | | | | | |
| 6 | gesamt(s) | takt(ms) | | Kl-Grenzen | Kl-Mitten | Hfgk-Dichte | Wk-Dichte |
| 7 | 0,44758 | 0,44758 | | 0,435 | | | |
| 8 | 0,91922 | 0,47164 | | 0,441 | 0,438 | 0,9169 | 0,3804 |
| 9 | 1,4053 | 0,48608 | | 0,446 | 0,444 | 1,3753 | 0,8501 |
| 10 | 1,88175 | 0,47645 | | 0,452 | 0,449 | 0,9169 | 1,7372 |
| 11 | 2,33414 | 0,45239 | | 0,458 | 0,455 | 8,7101 | 3,2465 |
| 12 | 2,79824 | 0,4641 | | 0,463 | 0,460 | 5,0427 | 5,5487 |
| 13 | 3,29186 | 0,49362 | | 0,469 | 0,466 | 6,4180 | 8,6729 |
| 14 | 3,78758 | 0,49572 | | 0,474 | 0,471 | 6,8764 | 12,3978 |
| 15 | 4,28328 | 0,4957 | | 0,480 | 0,477 | 11,9191 | 16,2080 |
| 16 | 4,78861 | 0,50532 | | 0,485 | 0,483 | 13,2944 | 19,3784 |
| 17 | 5,26506 | 0,47646 | | 0,491 | 0,488 | 34,8405 | 21,1891 |
| 18 | 5,76076 | 0,4957 | | 0,497 | 0,494 | 23,8382 | 21,1891 |
| 19 | 6,2324 | 0,47164 | | 0,502 | 0,499 | 22,0045 | 19,3784 |
| 20 | 6,73773 | 0,50533 | | 0,508 | 0,505 | 12,8360 | 16,2080 |
| 21 | 7,21418 | 0,47645 | | 0,513 | 0,510 | 10,5438 | 12,3978 |
| 22 | 7,69544 | 0,48126 | | 0,519 | 0,516 | 11,0023 | 8,6729 |
| 23 | 8,18152 | 0,48608 | | 0,524 | 0,522 | 2,7506 | 5,5487 |
| 24 | 8,6676 | 0,48608 | | 0,530 | 0,527 | 4,1258 | 3,2465 |
| 25 | 9,12962 | 0,46202 | | 0,535 | 0,533 | 1,8337 | 1,7372 |
| 26 | 9,59645 | 0,46683 | | 0,541 | 0,538 | 0,0000 | 0,8501 |
| 27 | 10,0488 | 0,45239 | | 0,547 | 0,544 | 0,0000 | 0,3804 |
| 28 | 10,5109 | 0,46202 | | | | | |
| 29 | 10,9777 | 0,46683 | | 0,454 | 4% | | |
| 30 | 11,4541 | 0,47646 | | 0,472 | 13% | | |
| 31 | 11,921 | 0,46683 | | 0,509 | 66% | | |
| 32 | 12,3878 | 0,46682 | | 0,528 | 15% | | |
| 33 | 12,8498 | 0,46202 | | | | | |
| 34 | 13,3263 | 0,47645 | | | | | |
| 35 | 13,7786 | 0,45239 | | | | | |
| 36 | 14,2359 | 0,45721 | | | | | |
| 37 | 14,7027 | 0,46683 | | | | | |

*S. 149* **3** c) Im Festnetz sind einzelnen Ortschaften oder Stadtteilen oft Telefonnummern mit gleichen Anfangsziffern zugeordnet. Mobilfunknummern beginnen mit 01…

*S. 150* **4** b) $\mu = 0{,}5$

c) Die Formel zur Berechnung der Varianz aus einer Häufigkeitsverteilung kann man deuten als „Treppensumme" zur Berechnung eines Integrals. Wenn $x_i$ die Klassenmitten und $h_i$ die zugehörigen relativen Häufigkeiten sind ($i = 1, \ldots, 10$), dann gilt im Fall einer Gleichverteilung

$$s_x = \sqrt{(x_1 - \overline{x})^2 \cdot h_i + (x_2 - \overline{x})^2 \cdot h_2 + \ldots + (x_r - \overline{x})^2 \cdot h_r} \approx$$
$$\approx \sqrt{(0{,}05 - 0{,}5)^2 \cdot 0{,}1 + (0{,}15 - 0{,}5)^2 \cdot 0{,}1 + \ldots + (0{,}95 - 0{,}5)^2 \cdot 0{,}1} \approx$$
$$\approx \sqrt{\int_0^1 (x - 0{,}5)^2 \, dx} = \sqrt{\tfrac{1}{12}} \approx 0{,}288.$$

**5** Ein Beispiel für drei Summanden:

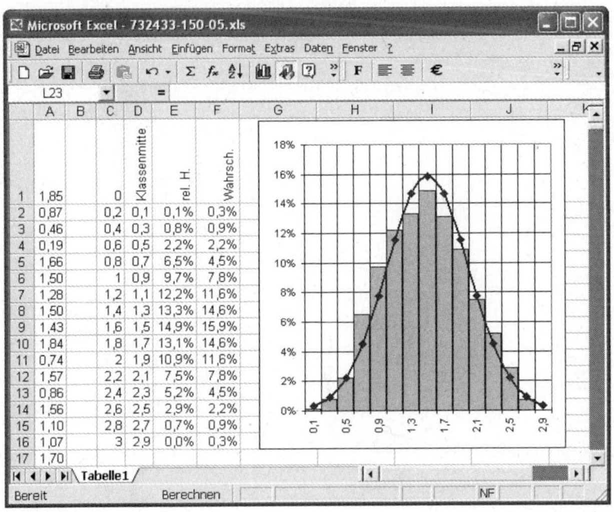

| | A | B | C | D Klassenmitte | E rel. H. | F Wahrsch. |
|---|---|---|---|---|---|---|
| 1 | 1,85 | | 0 | | | |
| 2 | 0,87 | | 0,2 | 0,1 | 0,1% | 0,3% |
| 3 | 0,46 | | 0,4 | 0,3 | 0,8% | 0,9% |
| 4 | 0,19 | | 0,6 | 0,5 | 2,2% | 2,2% |
| 5 | 1,66 | | 0,8 | 0,7 | 6,5% | 4,5% |
| 6 | 1,50 | | 1 | 0,9 | 9,7% | 7,8% |
| 7 | 1,28 | | 1,2 | 1,1 | 12,2% | 11,6% |
| 8 | 1,50 | | 1,4 | 1,3 | 13,3% | 14,6% |
| 9 | 1,43 | | 1,6 | 1,5 | 14,9% | 15,9% |
| 10 | 1,84 | | 1,8 | 1,7 | 13,1% | 14,6% |
| 11 | 0,74 | | 2 | 1,9 | 10,9% | 11,6% |
| 12 | 1,57 | | 2,2 | 2,1 | 7,5% | 7,8% |
| 13 | 0,86 | | 2,4 | 2,3 | 5,2% | 4,5% |
| 14 | 1,56 | | 2,6 | 2,5 | 2,9% | 2,2% |
| 15 | 1,10 | | 2,8 | 2,7 | 0,7% | 0,9% |
| 16 | 1,07 | | 3 | 2,9 | 0,0% | 0,3% |
| 17 | 1,70 | | | | | |

**6** Die zu den Stichproben gehörigen Werte für $\overline{x}$ und $s_x$ schwanken um $\mu$ bzw. um $\sigma$. Die Größe der Schwankungen nimmt mit wachsendem Stichprobenumfang ab.

**7** Je kleiner die Klassenbreite ist, desto weniger Stichprobenwerte entfallen auf die einzelnen Klassen. Größere Abweichungen zwischen den relativen Häufigketen und den Wahrscheinlichkeiten sind nicht ungewöhnlich. Die Histogramme wirken daher „unruhig". Durch Erhöhung des Stichprobenumfangs bzw. durch Vergrößerung der Klassenbreite kann man „gegensteuern".

*S. 151* **8** a) Je größer das Gewicht der einzelnen Linsen, desto schwerer wird die Tüte.
Je größer die Standardabweichung des Linsengewichts, desto größer sind auch die Schwankungen des Gesamtgewichts.
b) Die Hypothesen über die Linsenzahl, die „gerade noch" verworfen werden können, liegen „knapp außerhalb" des Konfidenzintervalls.

# *Projektvorschläge*

## *Statistik der Kassenzettel*

*S. 154* **1** Individuelle Lösungen

**2** Die Trendgeraden haben die Steigungswerte in der Nähe von 2000. Das bedeutet: An einer Kasse würden an einem Tag (24 h) ca. 2000 Kunden abgefertigt. Innerhalb von 10 Stunden wären das ca. 830 Kunden. Die Summe der Rechnungsbeträge (in €) ist dann näherungsweise normalverteilt mit $\mu \approx 830 \cdot 9{,}2 = 7636$ und $\sigma \approx \sqrt{830} \cdot 10{,}2 \approx 293$. Wenn man davon ausgeht, dass die Kasse ca. eine Stunde nicht besetzt ist, ergeben sich entsprechend kleinere Werte.

**3,4** Lösungsbeispiel für die Datei supermarkt.xls:

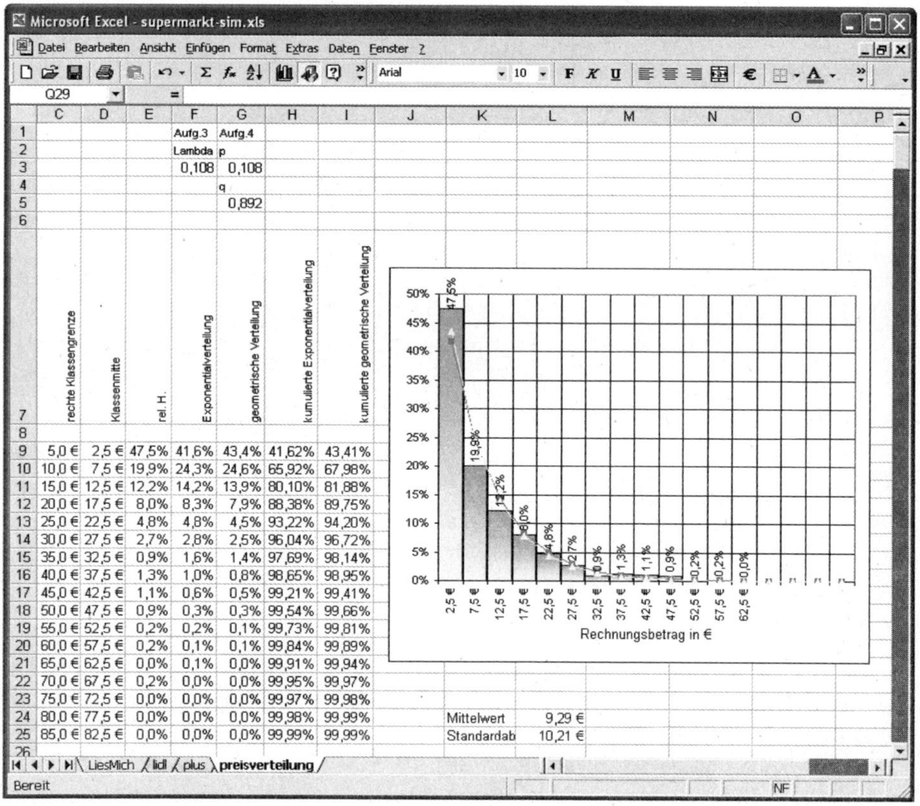


| | C | D | E | F | G | H | I |
|---|---|---|---|---|---|---|---|
| 1 | | | | Aufg.3 | Aufg.4 | | |
| 2 | | | | Lambda | p | | |
| 3 | | | | 0,108 | 0,108 | | |
| 4 | | | | | q | | |
| 5 | | | | | 0,892 | | |
| 6 | | | | | | | |
| 7 | rechte Klassengrenze | Klassenmitte | rel. H. | Exponentialverteilung | geometrische Verteilung | kumulierte Exponentialverteilung | kumulierte geometrische Verteilung |
| 8 | | | | | | | |
| 9 | 5,0 € | 2,5 € | 47,5% | 41,6% | 43,4% | 41,62% | 43,41% |
| 10 | 10,0 € | 7,5 € | 19,9% | 24,3% | 24,6% | 65,92% | 67,98% |
| 11 | 15,0 € | 12,5 € | 12,2% | 14,2% | 13,9% | 80,10% | 81,88% |
| 12 | 20,0 € | 17,5 € | 8,0% | 8,3% | 7,9% | 88,38% | 89,75% |
| 13 | 25,0 € | 22,5 € | 4,8% | 4,8% | 4,5% | 93,22% | 94,20% |
| 14 | 30,0 € | 27,5 € | 2,7% | 2,8% | 2,5% | 96,04% | 96,72% |
| 15 | 35,0 € | 32,5 € | 0,9% | 1,6% | 1,4% | 97,69% | 98,14% |
| 16 | 40,0 € | 37,5 € | 1,3% | 1,0% | 0,8% | 98,65% | 98,95% |
| 17 | 45,0 € | 42,5 € | 1,1% | 0,6% | 0,5% | 99,21% | 99,41% |
| 18 | 50,0 € | 47,5 € | 0,9% | 0,3% | 0,3% | 99,54% | 99,66% |
| 19 | 55,0 € | 52,5 € | 0,2% | 0,2% | 0,1% | 99,73% | 99,81% |
| 20 | 60,0 € | 57,5 € | 0,2% | 0,1% | 0,1% | 99,84% | 99,89% |
| 21 | 65,0 € | 62,5 € | 0,0% | 0,1% | 0,0% | 99,91% | 99,94% |
| 22 | 70,0 € | 67,5 € | 0,2% | 0,0% | 0,0% | 99,95% | 99,97% |
| 23 | 75,0 € | 72,5 € | 0,0% | 0,0% | 0,0% | 99,97% | 99,98% |
| 24 | 80,0 € | 77,5 € | 0,0% | 0,0% | 0,0% | 99,98% | 99,99% |
| 25 | 85,0 € | 82,5 € | 0,0% | 0,0% | 0,0% | 99,99% | 99,99% |

# *CD contra MP3 – ein statistischer Test*

*S. 155* Zur Orientierung für eigene Versuche werden hier Ergebnisse für das Testdesign „B" angegeben: 116 Testteilnehmern wurden 20 Hörproben des Songs „Sarah Connor – From Sarah with Love" vorgespielt. Dabei wurde die drei Qualitätsstufen CD, 128-MP3 und 80-MP3 zufällig gemischt. (Diese Musikdateien und die verwendete Playliste für den weit verbreiteten Winamp-Spieler sind auf der Klett-Homepage www.klett-verlag.de zum Download verfügbar.

Ein „Nullhörer" hat hier die Trefferwahrscheinlichkeit $\frac{1}{3}$. Das $2\sigma$-Intervall der Trefferzahl eines Nullhörers ist dann $\left[\frac{20}{3} - 2\sqrt{20 \cdot \frac{1}{3} \cdot \frac{2}{3}}\,;\, \frac{20}{3} + 2\sqrt{20 \cdot \frac{1}{3} \cdot \frac{2}{3}}\right] \approx [2{,}45;\ 10{,}88]$.
Bei 11 und mehr Treffern (bzw. einem und weniger Treffern) kann man die Hypothese, dass die Testperson ein Nullhörer ist, verwerfen.

Die tatsächlich beobachtete Verteilung der Trefferzahlen bei den 116 Testteilnehmern sah wie folgt aus:

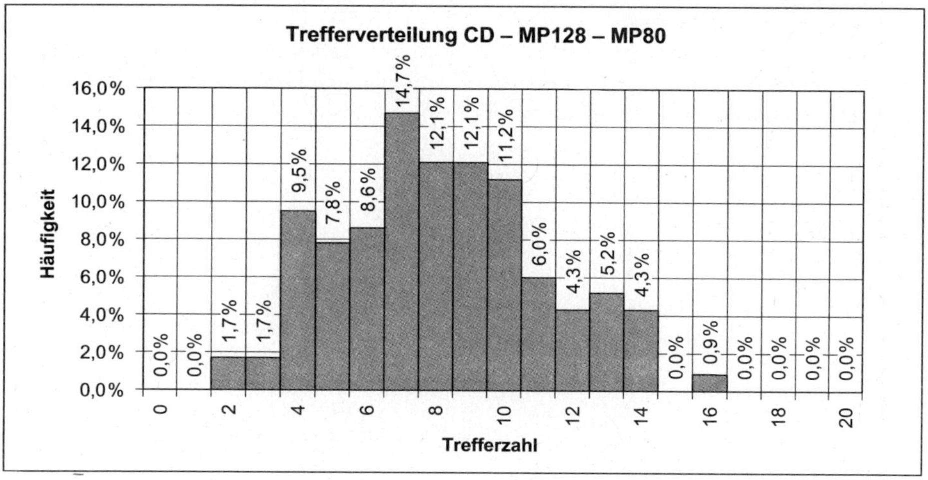

# *„Allgemeinbildung" – ein statistischer Test*

S. 156 ***1*** Theoretisch ist das Bit die kleinste Speichereinheit, technisch wird im Computer aber das Byte (8 Bit) verwendet. STERN ließ (ungerechtfertigterweise) nur das Byte als richtige Antwort gelten.

***2*** Individuelle Lösungen

***3*** $n = 40$; $p = \frac{1}{3}$; $2\sigma$-Intervall [7,37; 19,3], also [8; 19] mit 95,75 %.
Die Faustregel „96 %" ist also brauchbar.

***4*** Anhaltspunkt für eigene Experimente: Von 117 Kölner Gymnasiasten der Klassen 9 bis 11 erreichten 111 beim Test aus Abb. 1 20 oder mehr Treffer (Trefferquote hier insgesamt 68 % – zu vergleichen mit 33 % eines „Ungebildeten").

Die vier gesuchten Schülerzahlen erhält man aus jeweils 4 linearen Gleichungen.
Für die Zeilen 1 bis 4: 278 HS; 896 RS; 196 GS; 549 GY
Für die Zeilen 18 bis 21: 426 HS; 803 RS; 82 GS; 656 GY
Für die Zeilen 37 bis 40: 335 HS; 882 RS; 158 GS; 570 GY
Dadurch, dass die in Abb. 1 gemachten Prozentangaben nur gerundet sind, ist die Zusammensatzung der Stichprobe nur sehr ungenau rekonstruierbar. Es empfiehlt sich die Daten durch viele verschiedene Gruppen arbeitsteilig auswerten zu lassen.

# Hausnummern

S. 160 **1** Da alle (lange wie auch kurze) Straßen mit der Hausnummer 1 anfangen, trifft Fig. 1a die Realität am besten. Zumindest sollten die Wahrscheinlichkeiten monoton fallen.

**2** d) Wir betrachten eine große Zahl (n) von Straßen. Dann kommt die Hausnummer 1 n-mal, Nummer 2 ca. $nq$-mal, Nummer 3 ca. $nq^3$-mal vor. Die Summenformel der geometrischen Reihe liefert insgesamt ca. $\frac{n}{1-q}$ Hausnummern. Die Wahrscheinlichkeit der Hausnummer 1 ist also $1 \cdot (1-q)$, die der Nummer 2 ist $q(1-q)$, die der Nummer 3 ist $q^2 \cdot (1-q) \dots$

e) Der Erwartungswert dieser geometrischen Verteilung ist

$(1-q)(1 + 2q + 3q^2 + 4q^3 + \dots) = \frac{1}{1-q} = \frac{1}{p}$.

Setzt man nämlich $S = (1 + 2q + 3q^2 + 4q^3 + \dots)$, so folgt aus der Summenformel der geometrischen Reihe $S - qS = \frac{1}{1-q}$ und $S = \frac{1}{(1-q)^2}$.

S. 161 **3** Individuelle Lösungen

**4** Eine bundesweite Stichprobe (ca. 5700 Personen) lieferte den Mittelwert $m = 30{,}72$ ($p = 3{,}55\,\%$). Nach der zugehörigen geometrischen Verteilung müsste gelten: $P(\text{Hausnummer} \leqq 50) = 1 - q^{50} = 80{,}9\,\%$ und $P(\text{Hausnummer} > 100) = q^{100} = 3{,}7\,\%$. Die entsprechenden relativen Häufigkeiten in der Stichprobe sind 85 % bzw. 4,1 %.

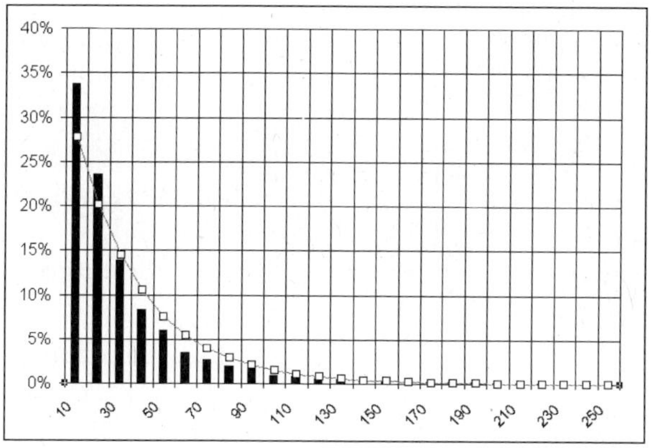


Die Abbildung zeigt die Wahrscheinlichkeitsverteilung („Linie“) und die relative Häuigkeitsverteilung (Säulen, Klassenbreite 10) im Vergleich. Kleine Hausnummern treten in Wirklichkeit noch etwas häufiger auf als durch das Modell der geometrischen Verteilung vorhergesagt. Das zeigte sich auch in einer anderen Stichprobe an einem Kölner Gymnasium mit 1200 Schülern (hier war $m = 37{,}4$).
Ob der Grund für diese (nicht sehr „dramatischen“) Abweichungen darin zu suchen ist, dass in den meisten Wohngebieten kleine Sackgassen eingerichtet werden – und die längeren historisch gewachsenen Durchgangsstraßen nicht zu den bevorzugten Wohngebieten gehören?

# *Die seltsamen Wahrscheinlichkeiten der Anfangsziffern – das BENFORD-Gesetz*

*S. 163* **1** Es gilt $2000 = 1000 \cdot 1{,}2^t$. Daraus folgt die Behauptung.

**2** $t_2 = \frac{\log \frac{3}{2}}{\log 1{,}2}$

| k | | 1 | 2 | 3 | 4 | 5 | 6 | 7 | 8 | 9 |
|---|---|---|---|---|---|---|---|---|---|---|
| Betrag DM | 1000 | 2000 | 3000 | 4000 | 5000 | 6000 | 7000 | 8000 | 9000 | 10000 |
| Zeit t(k) (J.) | | 3,80 | 2,22 | 1,58 | 1,22 | 1,00 | 0,85 | 0,73 | 0,65 | 0,58 |

**3** $f(n) = \frac{\log \frac{n+1}{n}}{\log\left(1 + \frac{p}{100}\right)}$. Dabei ist p die Zunahme in Prozent pro Jahr.

**4** Es gilt $T = \frac{\log 10}{\log\left(1 + \frac{p}{100}\right)} = \frac{1}{\log\left(1 + \frac{p}{100}\right)}$, falls p die Zunahme in Prozent pro Jahr ist. Die Wahrscheinlichkeit, mit der der AX zum Zeitpunkt t die Anfangsziffer k $(1 \leqq k \leqq 9)$ hat, beträgt daher $\frac{t_k}{T} = \frac{\log \frac{k+1}{k}}{\log\left(1 + \frac{p}{100}\right)} : \frac{1}{\log\left(1 + \frac{p}{100}\right)} = \log \frac{k+1}{k}$. Das Ergebnis hängt nicht von p ab, weil sich $\log\left(1 + \frac{p}{100}\right)$ herauskürzt.

Es gilt $\sum_{k=1}^{9} \log \frac{k+1}{k} = \sum_{k=1}^{9} \log(k+1) - \sum_{k=1}^{9} \log k = \log 10 - \log 1 = 1$.

**5** Die Zahlen in der Tabelle sind Prozentangaben. Sie geben an, wie viel Prozent der untersuchten Muster (samples) jeweils mit Anfangsziffer (digit) 1, 2 usw. vorkamen. Zum Vergleich die theoretischen Werte aus Aufgabe 5 sowie die Werte für alle Untersuchungen aus der Tabelle insgesamt. Man erkennt die gute Übereinstimmung (siehe auch Diagramm).

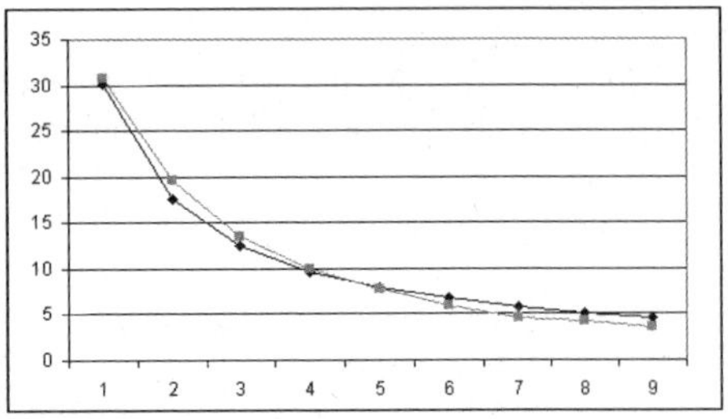


| Anfangsziffer | 1 | 2 | 3 | 4 | 5 | 6 | 7 | 8 | 9 |
|---|---|---|---|---|---|---|---|---|---|
| theoretisch % | 30,1 | 17,6 | 12,5 | 9,7 | 7,9 | 6,7 | 5,8 | 5,1 | 4,6 |
| alle % | 30,7 | 19,6 | 13,5 | 9,9 | 7,8 | 6,0 | 4,5 | 4,3 | 3,6 |

**6** Die Zufallsgröße X beschreibe die Zahl der Runs nach der ersten Ziffer. X ist binomialverteilt mit den Parametern $n = 49$ und $p = 0{,}5$. Denn nachdem die erste Ziffer notiert wurde (sie liefert immer den ersten Run), entsteht bei jeder neuen Ziffer unabhängig von der vorhergehenden Ziffernfolge mit Wahrscheinlichkeit 0,5 ein neuer Run. Daher hat X den Erwartungswert $\mu = 24{,}5$ und die Standardabweichung $\sigma = 0{,}5\sqrt{49} = 3{,}5$. Es wären also 25,5 Runs zu erwarten. Kommen nun z. B. bei der zufälligen Folge weniger als 19 oder mehr als 32 Runs vor, so kann man auf einem Signifikanzniveau von etwa 5 % die Behauptung verwerfen, dass die Folge wirklich zufällig ist.

# *MARKOFF-Ketten – mit CAS untersucht*

S. 164 **1** Bei Fig. 2 wird immer so viel eingesetzt wie möglich, bei Fig. 3 immer nur ein Euro.

**2** Vgl. Aufgabe 1.

**3** Bei der Strategie nach Fig. 2 ist das Spiel wohl schneller zu Ende, da immer so viel wie möglich gesetzt wird; daher kann schneller alles verloren gehen, aber auch der Gewinnzustand Z5 wird im Mittel schneller erreicht. Genaue Rechnung siehe Aufgabe 7.

165 **4** Das CAS liefert bei der Strategie nach Fig. 2 die Absorptionswahrscheinlichkeit $a_{51} = \frac{p^3}{p^3 - p^2 + 1}$. Für $p = 0{,}7549$ ist sie 0,5; also sind für diesen Wert Gewinn und Verlust gleich wahrscheinlich.

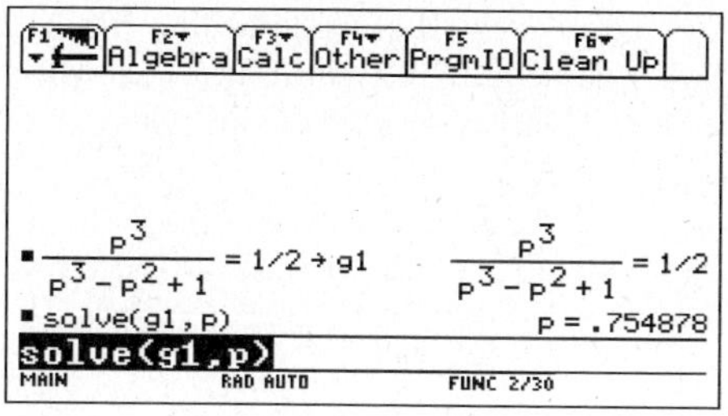


**5** Das DERIVE-Arbeitsblatt „Lösungen Aufgabe 5 Derive“ (s. Seite 103) zeigt das Vorgehen mithilfe des Matrizengleichungsverfahrens.

**6** a) Bis zum Kapital von 2€ wird mutig gespielt (Einsatz verdoppelt), bei mehr als 2€ vorsichtig (nur 1€ Einsatz) weitergespielt.
b) Das DERIVE-Arbeitsblatt „Lösungen Aufgabe 6b Derive“ (siehe S. 103) zeigt das Vorgehen mithilfe des Matrizengleichungsverfahrens.
c) Die mutige Strategie nach Fig. 2 liefert beim Start mit 1€ deutlich kleinere Gewinnwahrscheinlichkeit ($\frac{1}{7}$) als die beiden anderen Strategien, die jeweils $\frac{1}{5}$ liefern.

**7** Bei der Strategie in Fig. 2 ergibt sich das nebenstehende Gleichungssystem mit der Lösung $m_1 = \frac{p^3 - 2p^2 - p - 1}{p^4 - 2p^3 + p^2 - 1}$; $m_2 = \frac{-p^3 + 3p^2 - 3p - 1}{p^4 - 2p^3 + p^2 - 1}$; $m_3 = \frac{p^3 - 2}{p^4 - 2p^3 + p^2 - 1}$; $m_4 = \frac{-p^3 + p^2 - 2p + 3}{p^4 - 2p^3 + p^2 - 1}$ und speziell für $p = 0{,}5$: $m_1 = m_2 = m_3 = m_4 = 2$.

$$m_1 = 1 + p \cdot m_2$$
$$m_2 = 1 + p \cdot m_4$$
$$m_3 = 1 + (1 - p) \cdot m_1$$
$$m_4 = 1 + (1 - p) \cdot m_3$$

Bei der Strategie in Fig. 3 ergibt sich das nebenstehende Gleichungssystem mit der Lösung $m_1 = \frac{2p^3 + 2p^2 - p + 1}{p^4 - 2p^3 + 4p^2 - 3p + 1}$; $m_2 = \frac{-p^3 + 4p^2 - 2p - 2}{p^4 - 2p^3 + 4p^2 - 3p + 1}$; $m_3 = \frac{p^3 + p^2 - 3p + 3}{p^4 - 2p^3 + 4p^2 - 3p + 1}$; $m_4 = \frac{-2p^3 + 8p^2 - 9p + 4}{p^4 - 2p^3 + 4p^2 - 3p + 1}$ und speziell für $p = 0{,}5$: $m_1 = 4$; $m_2 = 6$; $m_3 = 6$; $m_4 = 4$.

$$m_1 = 1 + p \cdot m_2$$
$$m_2 = 1 + p \cdot m_3 + (1 - p) \cdot m_1$$
$$m_3 = 1 + p \cdot m_4 + (1 - p) \cdot m_2$$
$$m_4 = 1 + (1 - p) \cdot m_3$$

*S. 165* **8** Die Abbildung zeigt die Graphen der Funktionen $m_1$ (dick) und $m_3$. Die Funktionswerte liegen zwischen 0 und 5.

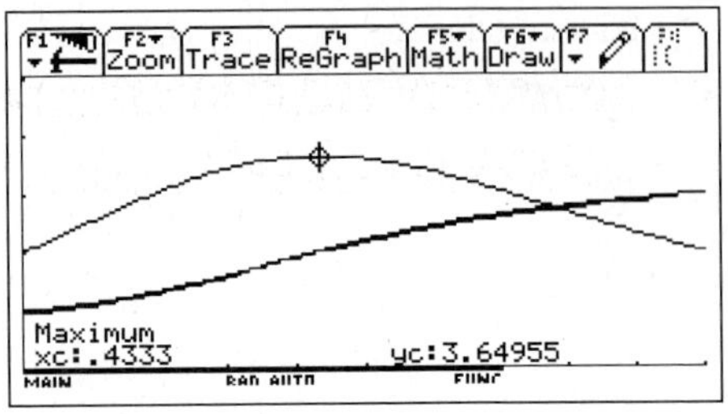


a) $m_1$ ist streng monoton steigend. Je kleiner p ist, desto wahrscheinlicher ist es, dass weniger Spiele zu absolvieren sind, weil dann immer öfter schon nach einem Spiel der absorbierende Zustand $Z_6$ erreicht wird.

b) $m_3$ hat ein Maximum bei etwa $p = 0{,}43$. Da $Z_3$ nach beiden Seiten relativ weit von den absorbierenden Zuständen $Z_5$ und $Z_6$ entfernt ist, bewirkt ein kleines p im Mittel ein relativ schnelles Ende bei $Z_6$ (Verlust) und ein großes p im Mittel ein relativ schnelles Ende bei $Z_5$ (Gewinn). Ein Wert von p im Bereich um 0,5 wirkt dagegen im Mittel spielverlängernd, da keiner Seite (Gewinn oder Verlust) eindeutig die Priorität zukommt.

S. 165 Zu Aufgabe 5:

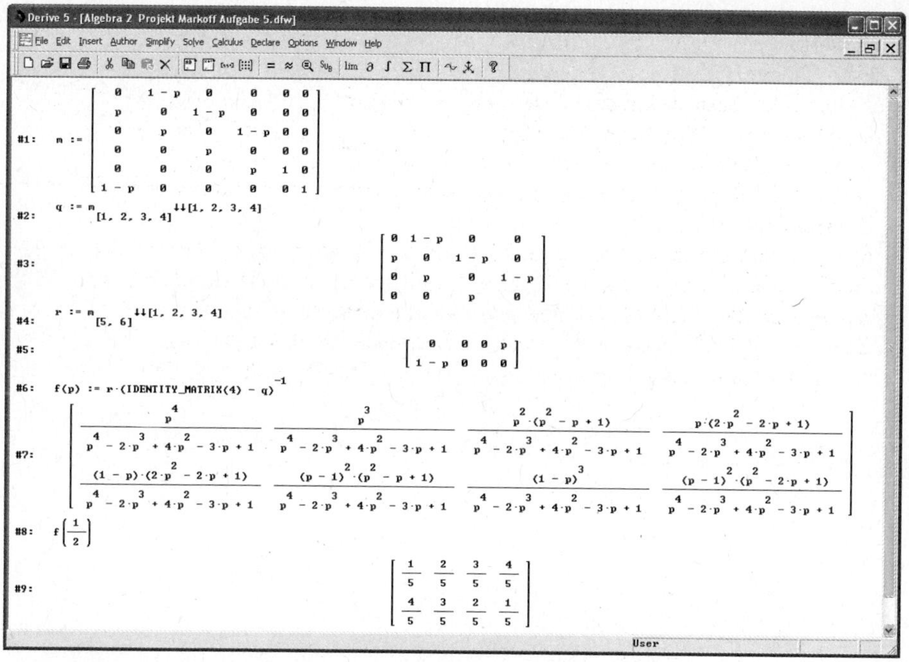


Zu Aufgabe 6:

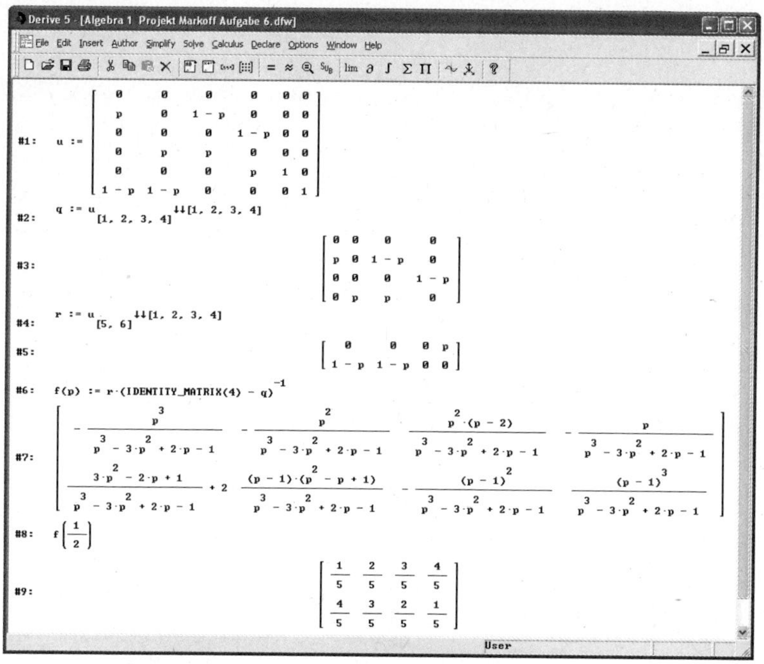